AF366558

ATLAS

DE

LA SCIENCE DE L'INGÉNIEUR,

OUVRAGE DÉDIÉ AU ROI;

PAR M. DELAISTRE,

INGÉNIEUR PENSIONNÉ, ET ANCIEN PROFESSEUR A L'ÉCOLE MILITAIRE DE PARIS,

Revu et augmenté par un Ingénieur du Corps Royal des Ponts et Chaussées,

Lyon, Imprimerie de Brunet, place St-Jean, N.º 3.

1825.

doc

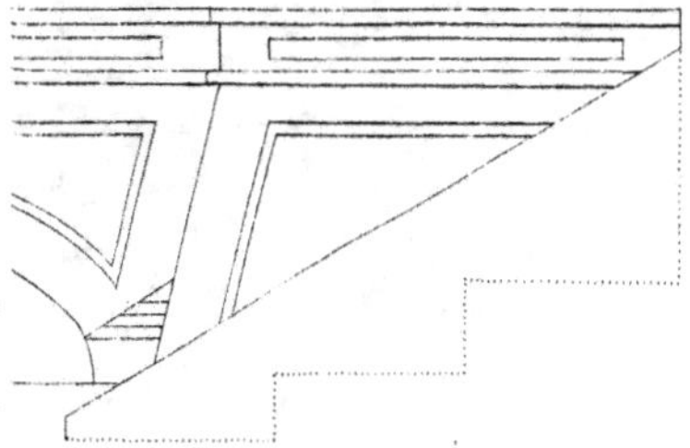

ulées .

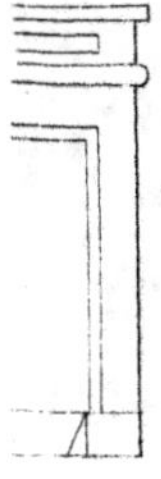

Pont aqueduc de Trebes *sur le quel passe le* canal du Languedoc

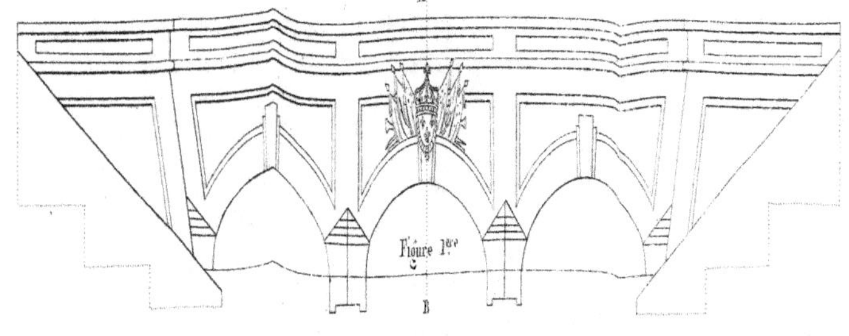

Profil coupé *sur* la ligne AB du pont Fesant *aussi voir* Chacune des Culées.

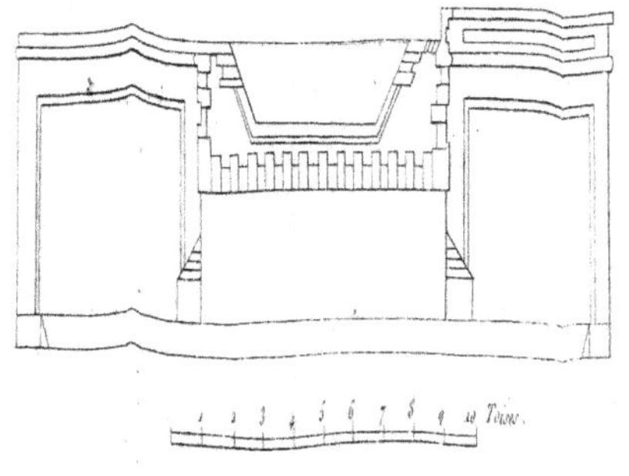

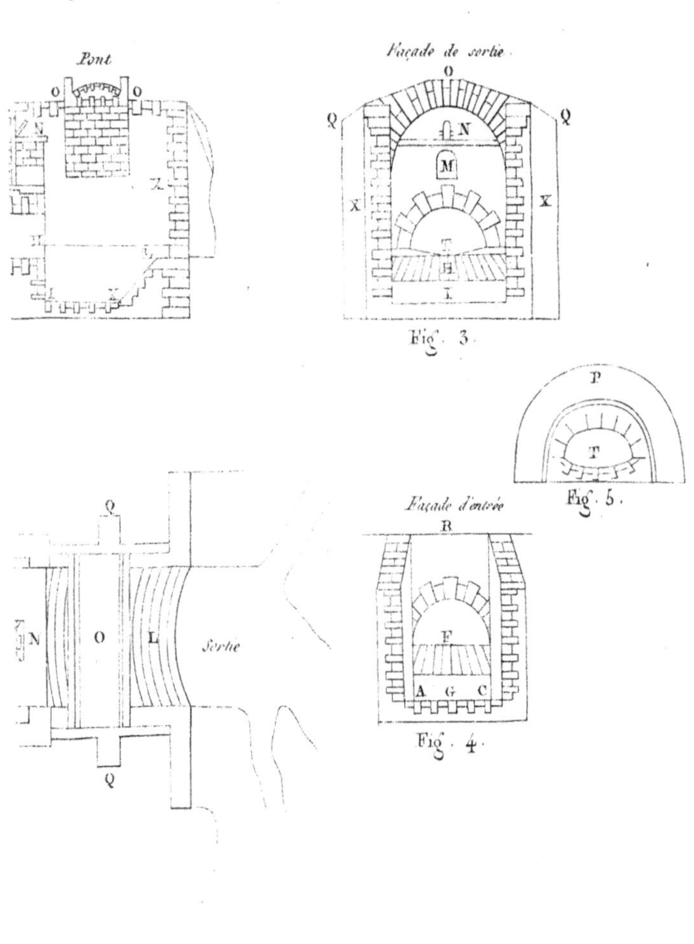
lu Languedoc
Pont
Façade de sortie
O
Q
N
M
X
X
Fig. 3
P
T
Fig. 5
Q
N
O
L
Sortie
Façade d'entrée
B
F
A
G
C
Fig. 4
Q

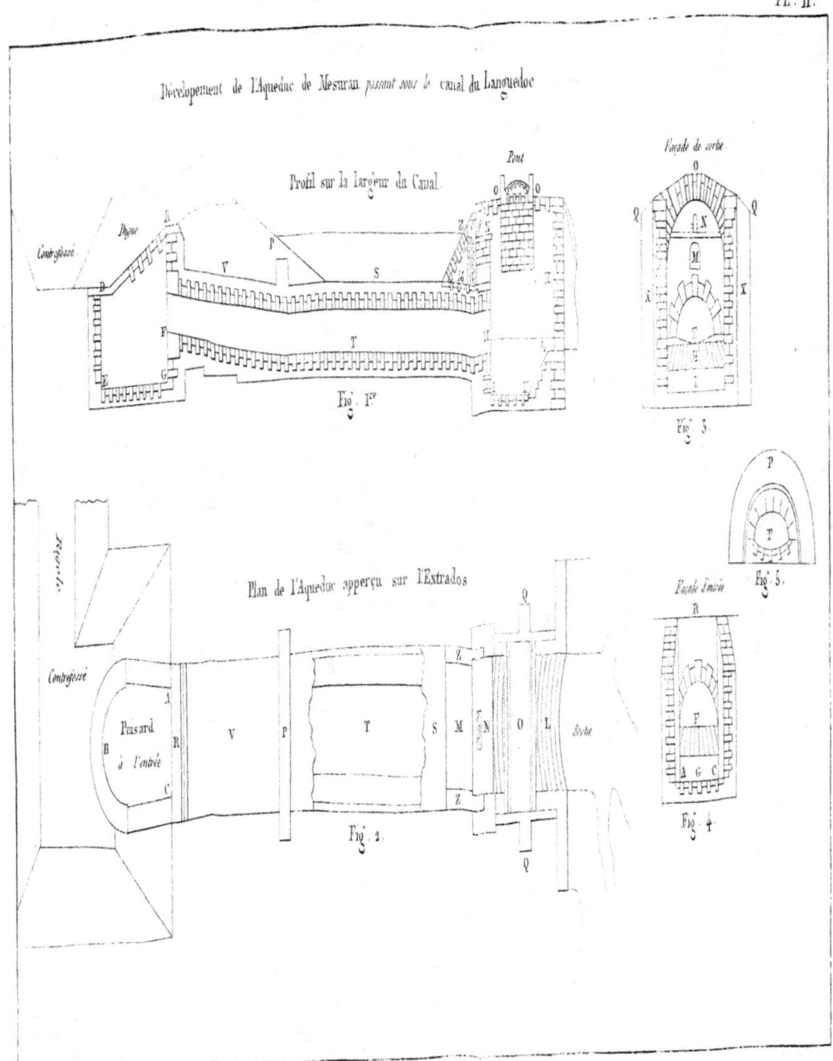
Dévelopement de l'Aqueduc de Mesuran passant sous le canal du Languedoc
Profil sur la largeur du Canal.
Pont
Façade de sortie
Contrefossé
Digue
Fig. 1ᵉ
Fig. 3.
Fig. 5.
Plan de l'Aqueduc apperçu sur l'Extrados
Rigole
Contrefossé
Puisard à l'entrée
Fossé
Façade d'entrée
Fig. 2.
Fig. 4.

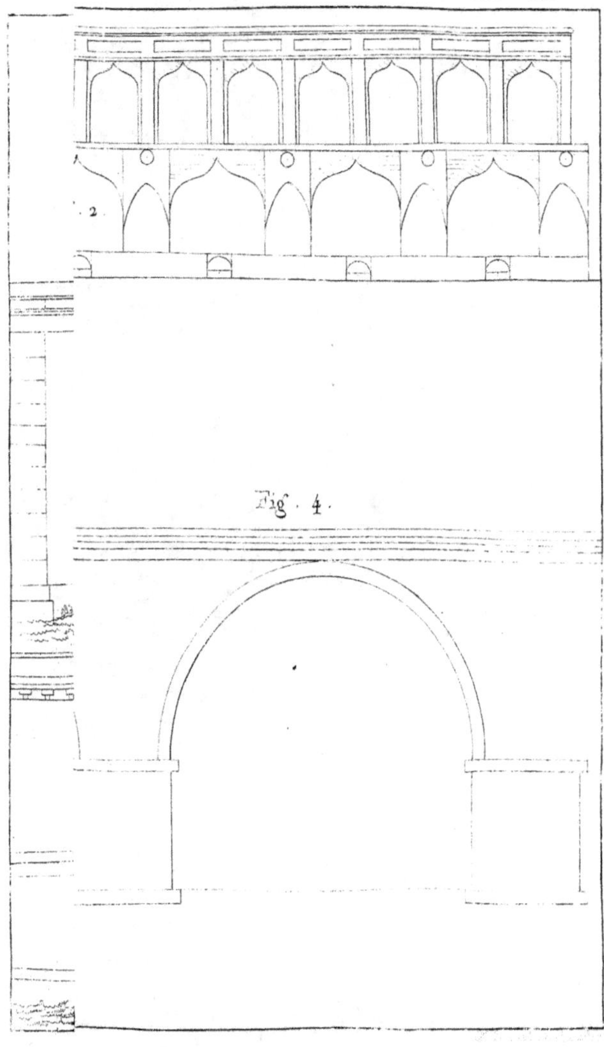

2
Fig . 4 .

PL. III.

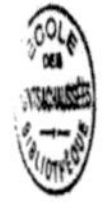

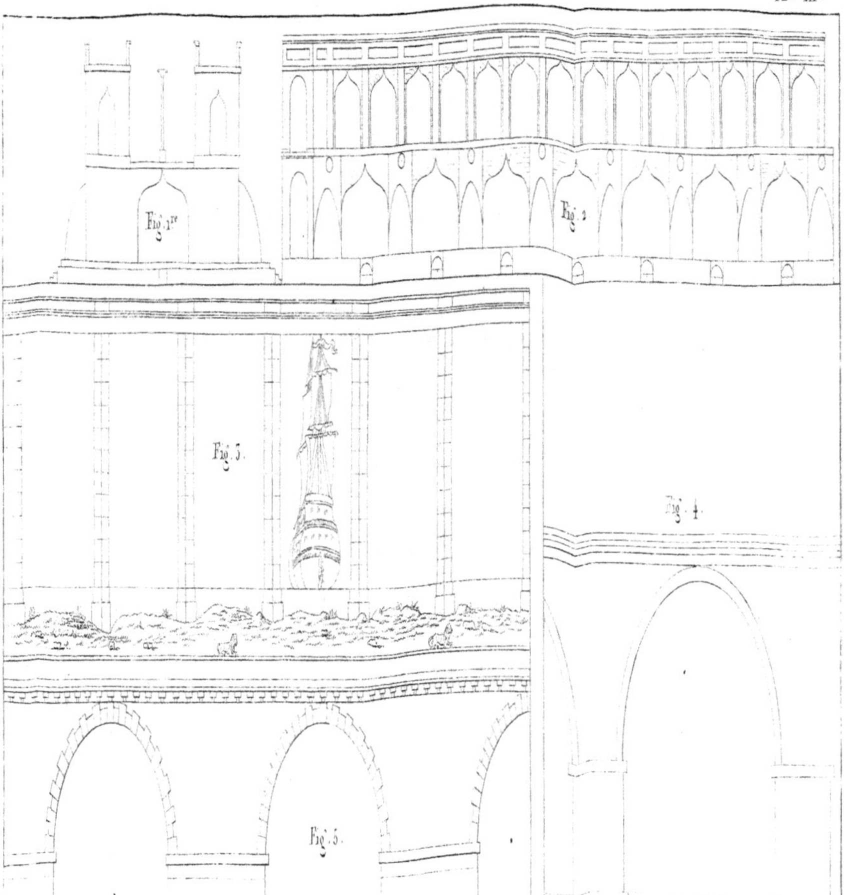
Fig. 1re
Fig. 2
Fig. 3.
Fig. 4.
Fig. 5.

E .

AQUEDUC DE SPOLETTE.

Fig. 6.
F
E
D
D
Fig. 4.
e
f
d
b
d
a
b
c
g
Fig. 7.
I
X
X
X
P
S
P
W
B
Y
G
F
T
H
V
K
Fig. 5.

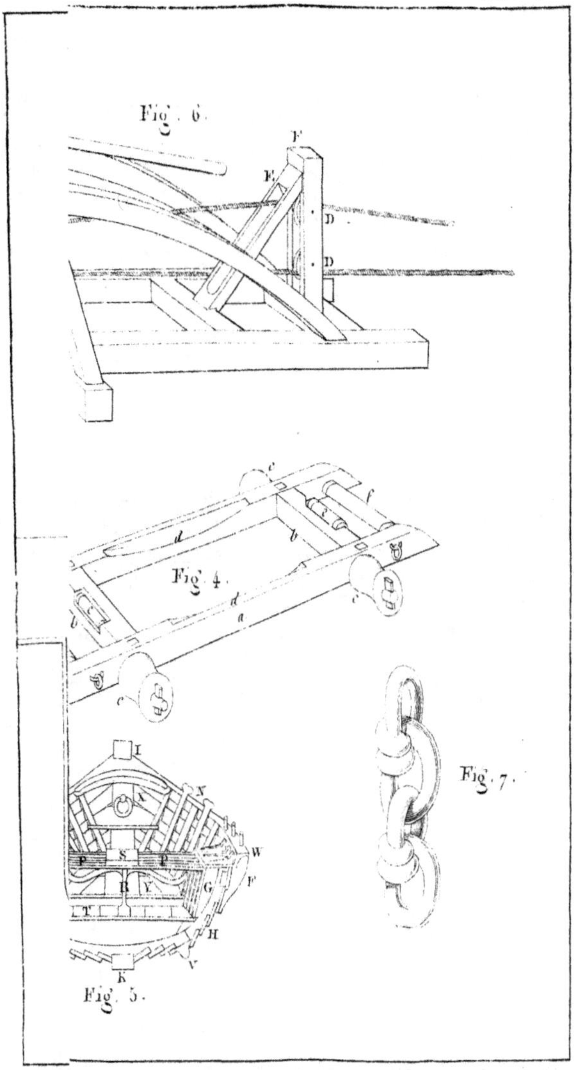

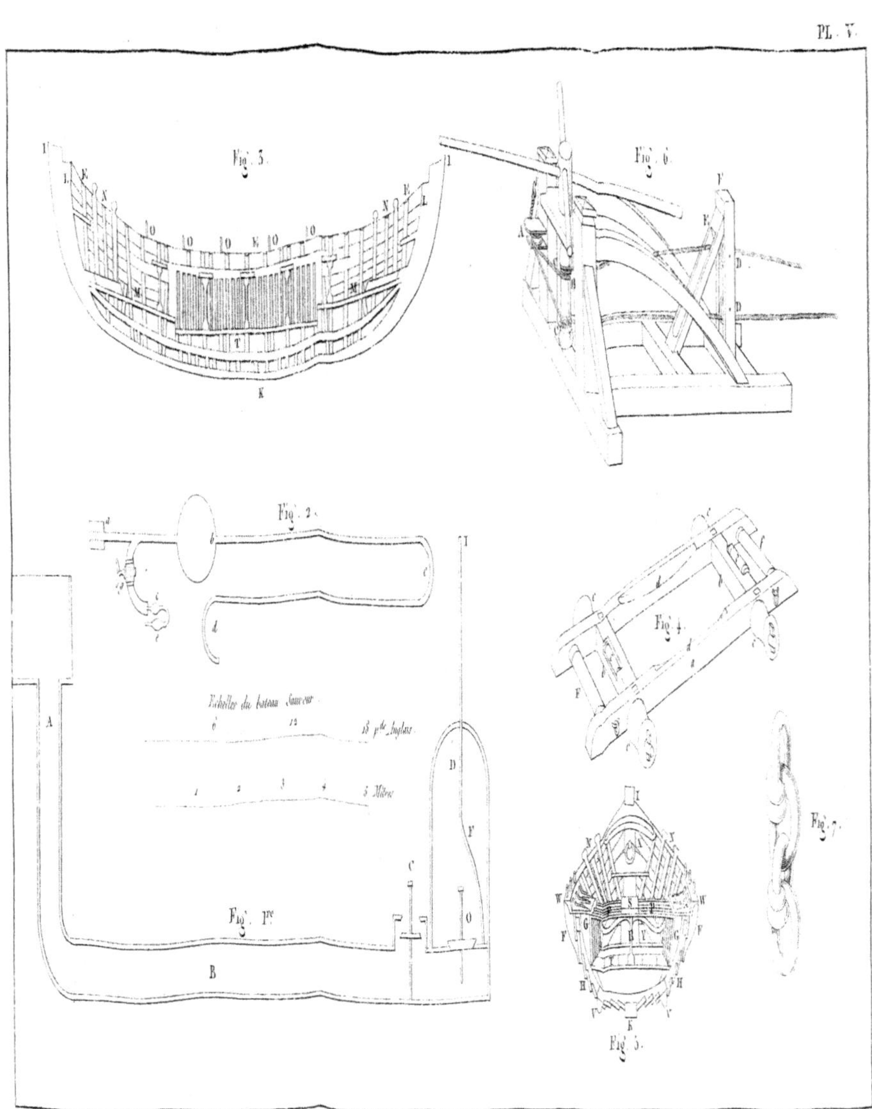
Fig. 5.
Fig. 6.
Fig. 2.
Fig. 4.
Echelle du bateau Sauveur
18 p.ds Anglais
5 Mètres
Fig. 1re.
Fig. 7.
Fig. 3.

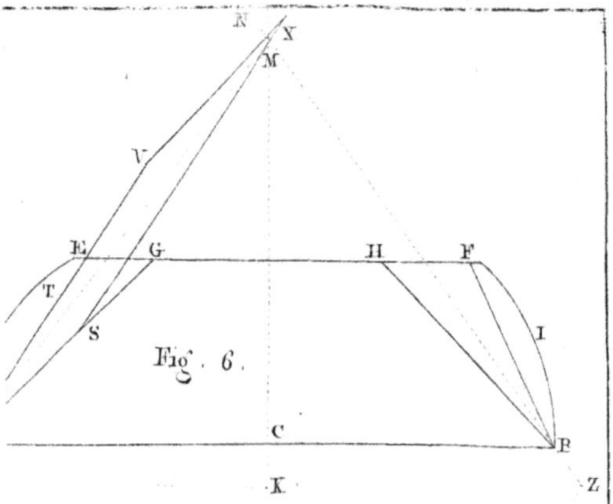

N
X
M
V
E
G
H
F
T
S
I
Fig. 6. 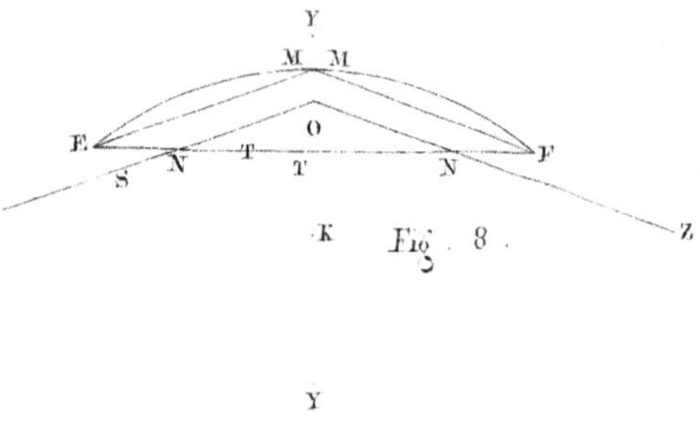
C
R
K
Z

Y
M M
O
E
S N T T N F
K Fig. 8.
Z
Y

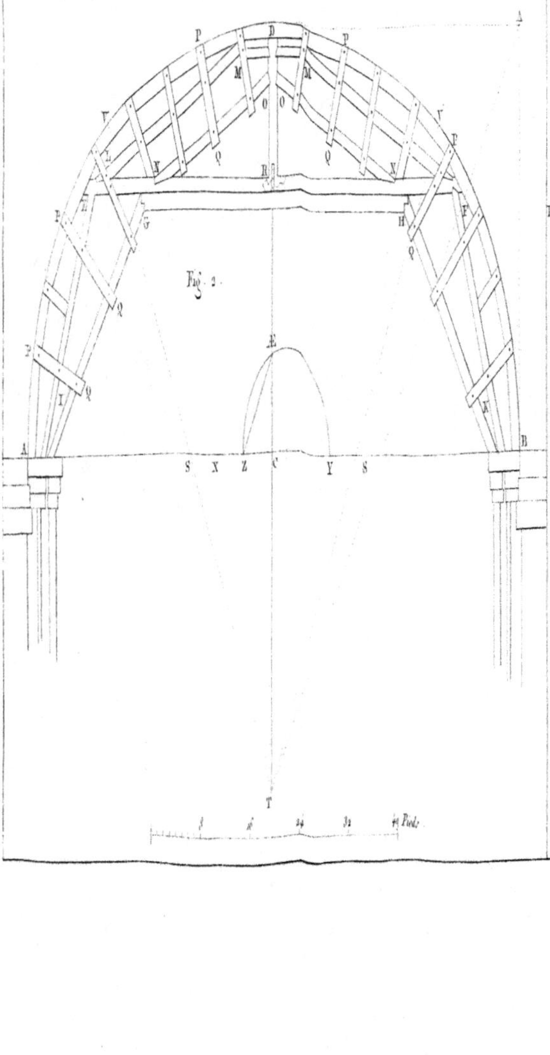

Fig. 2.
Fig. 6. 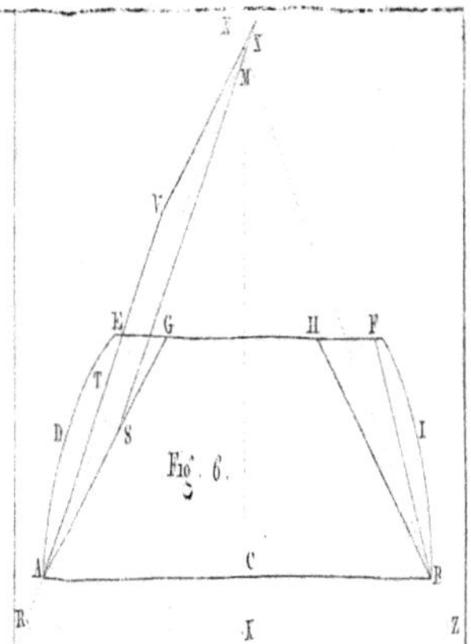
Fig. 8.

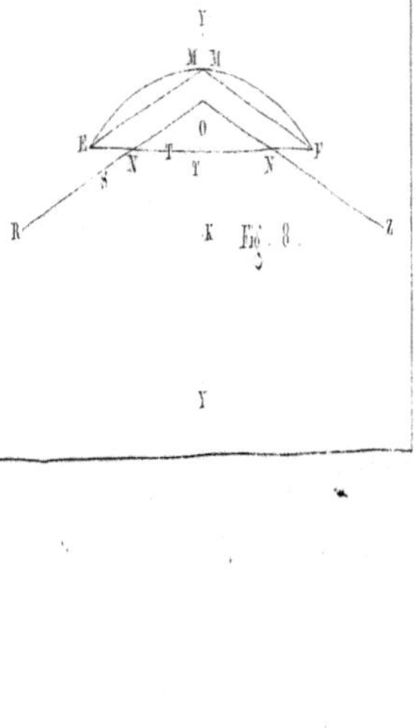

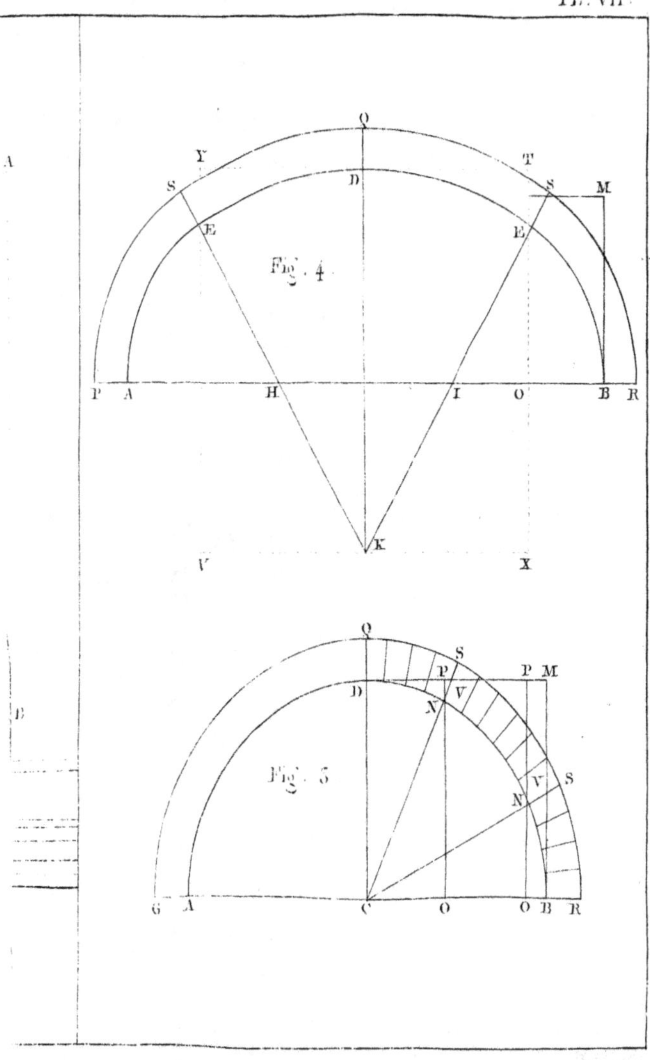
Fig. 4.
Fig. 5.

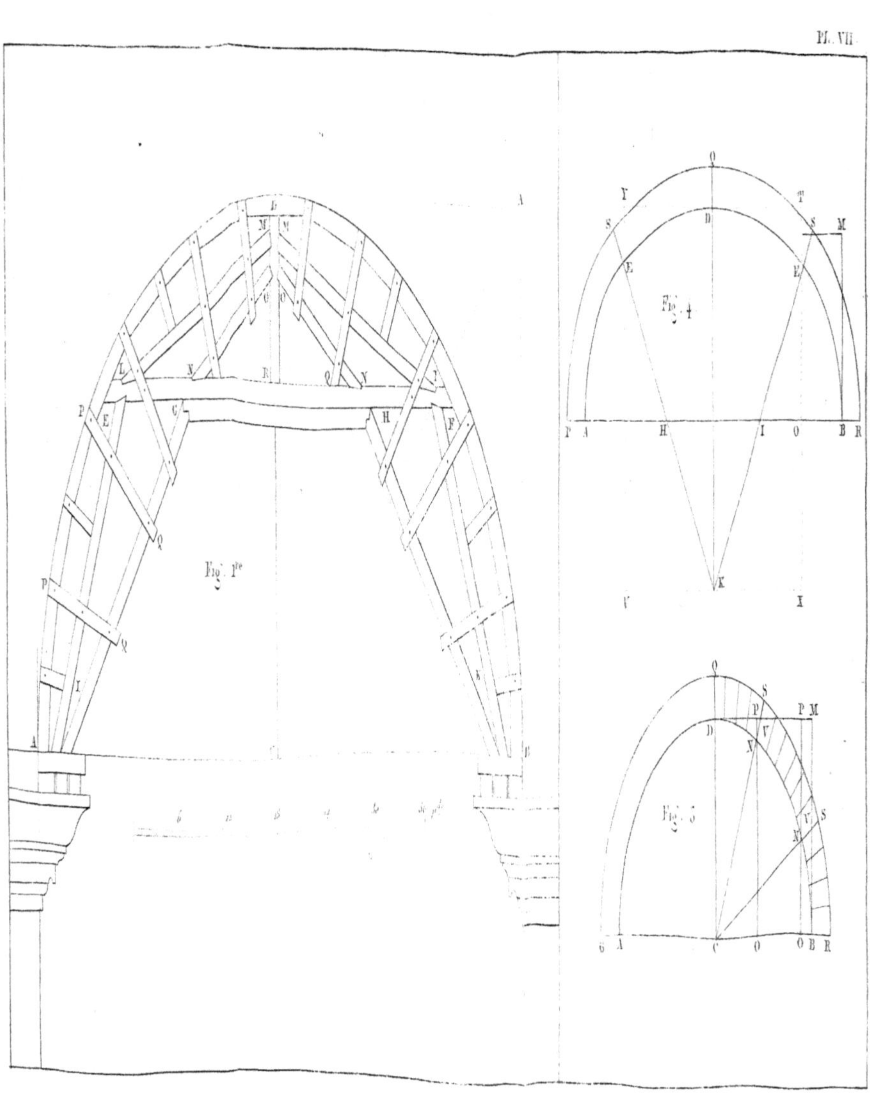
Fig. 1re
Fig. 4
Fig. 5

NEUILLY.

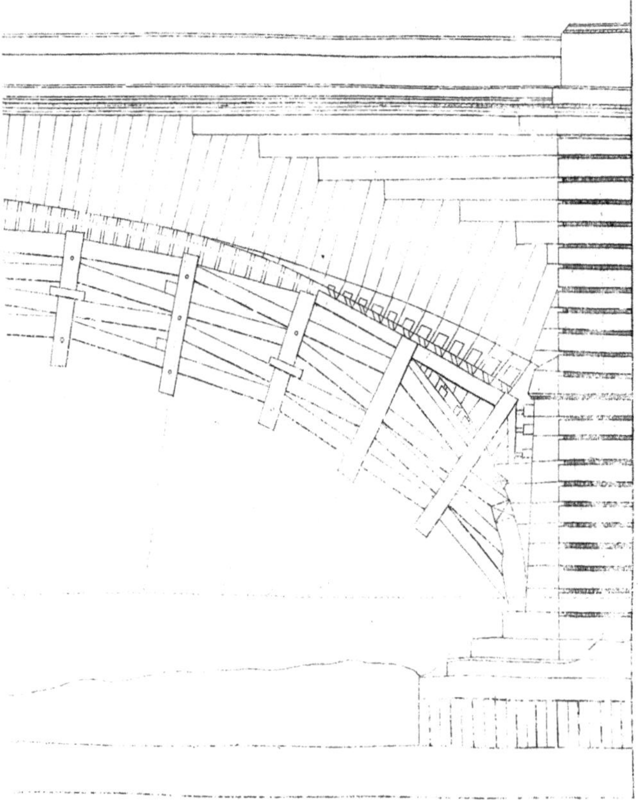

GRANDE ARCHE DU PONT DE NEUILLY.

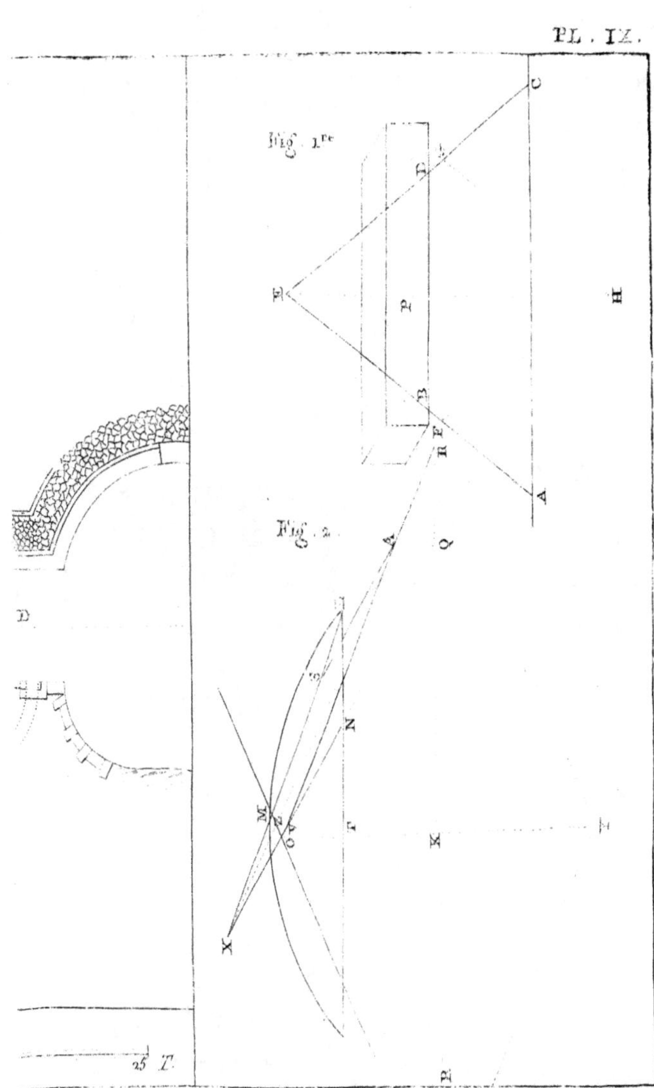
Fig. 1re
Fig. 2
A
B
C
D
E
F
H
K
M
N
P
Q
R
X
25 T.

Fig. 1re
Fig. 2
A
B
C
D
E
F
I
Echelle de 25 Toises.
10   15   20   25 T.

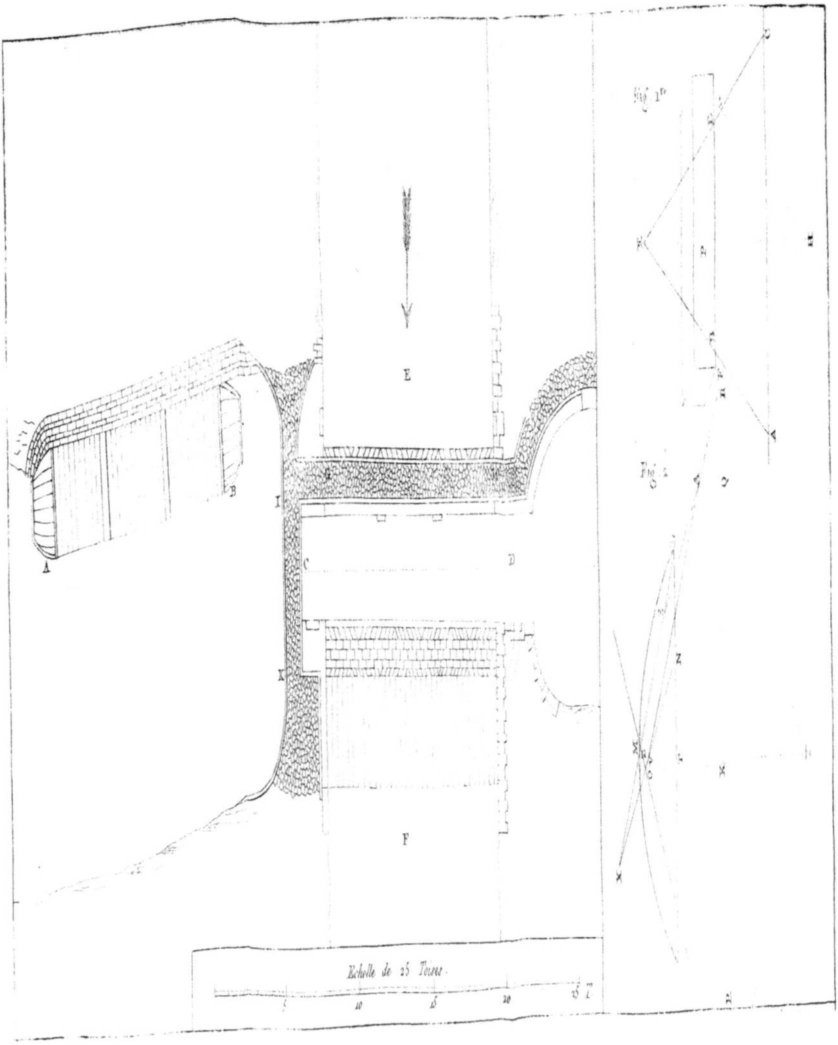

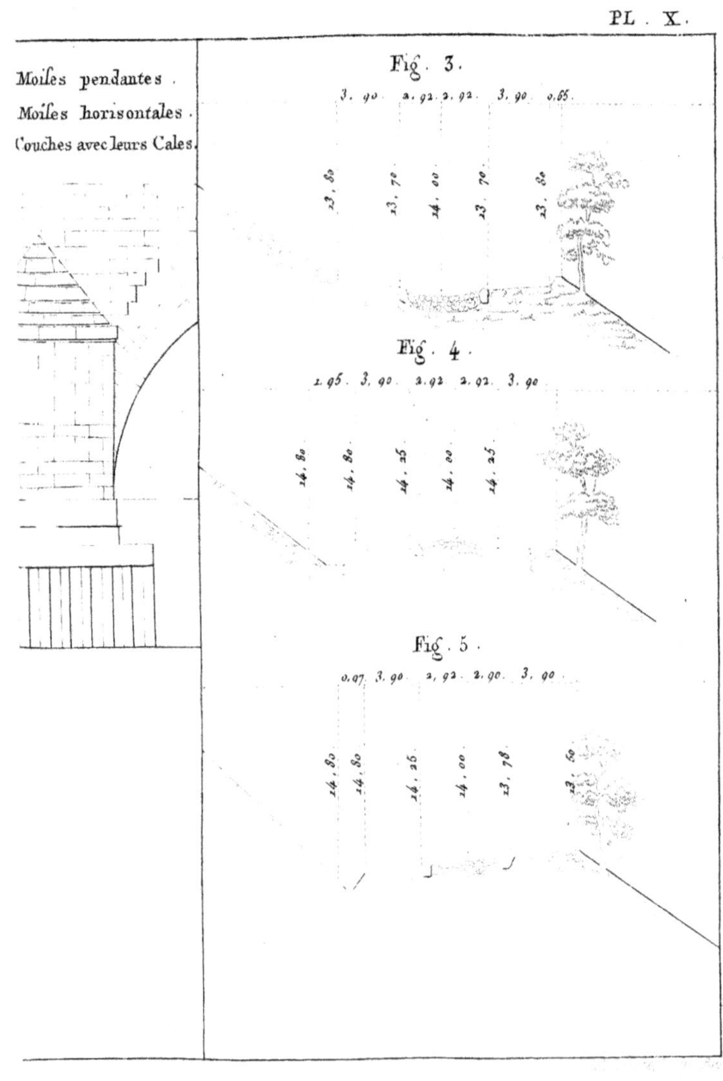
Moiles pendantes .
Moiles horisontales .
Couches avec leurs Cales .
Fig . 3 .
3 . 90 . 2 . 92 . 2 . 92 . 3 . 90 . 0 . 55 .
23 . 80
23 . 70
24 . 00
23 . 70
23 . 80
Fig . 4 .
2 . 95 . 3 . 90 . 2 . 92 . 2 . 92 . 3 . 90 .
24 . 80
24 . 80
24 . 25
24 . 00
24 . 25
Fig . 5 .
0 . 97 . 3 . 90 . 2 . 92 . 2 . 90 . 3 . 90 .
24 . 80
24 . 80
24 . 25
24 . 00
23 . 78
23 . 50

PL. X.

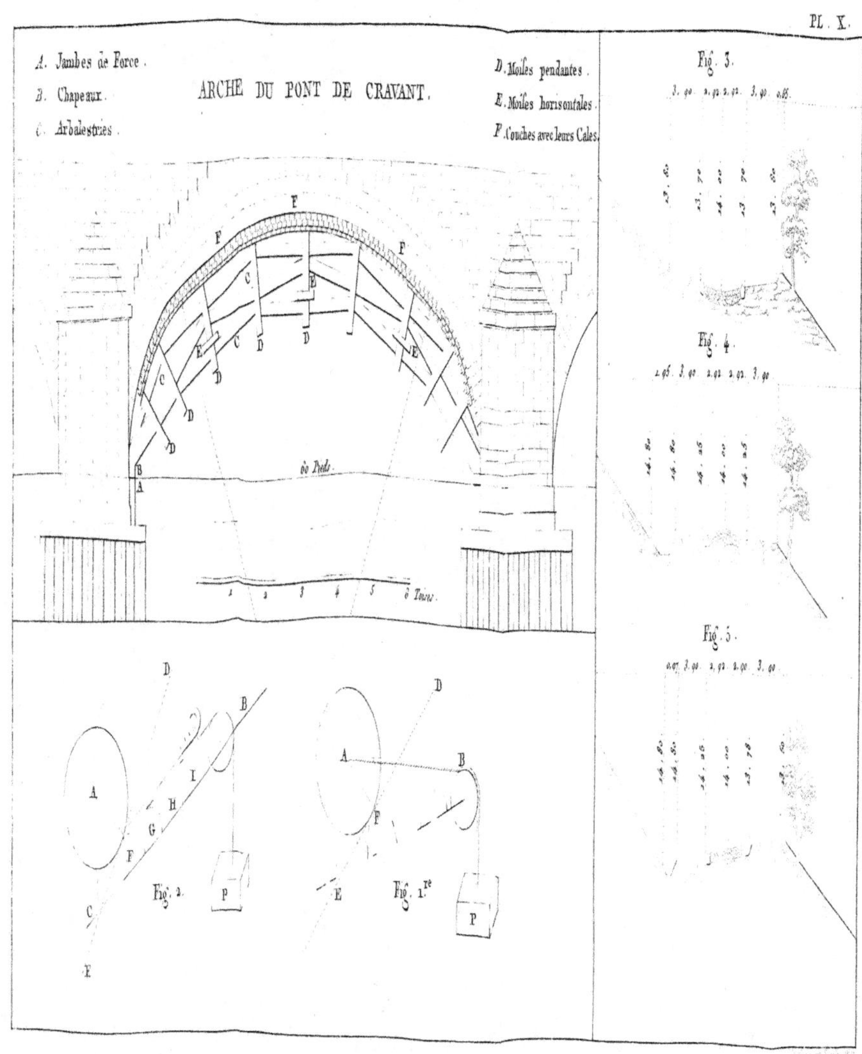
A. Jambes de Force.
B. Chapeaux.
C. Arbalestries.
D. Moïses pendantes.
E. Moïses horisontales.
F. Couches avec leurs Cales.
ARCHE DU PONT DE CRAVANT.
60 Pieds.
1 2 3 4 5 6 Toises.
Fig. 3.
Fig. 4.
Fig. 5.
Fig. 2.
Fig. 1re
A B C D E F G H I P

ONSTRUITE EN 1768.

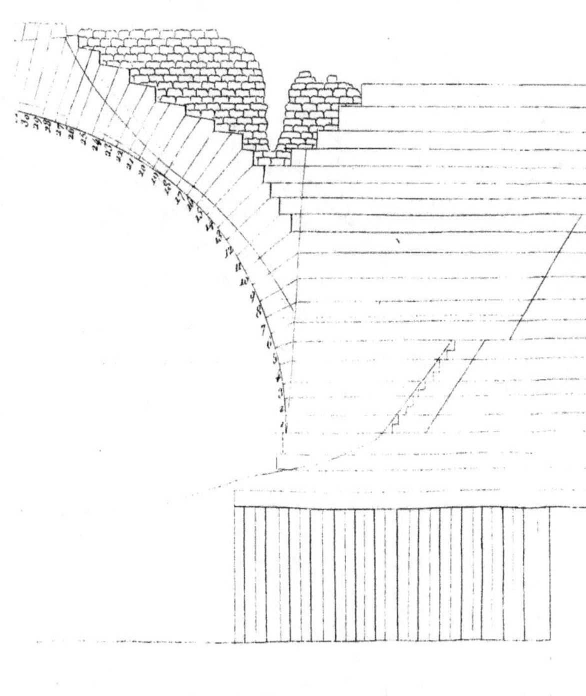

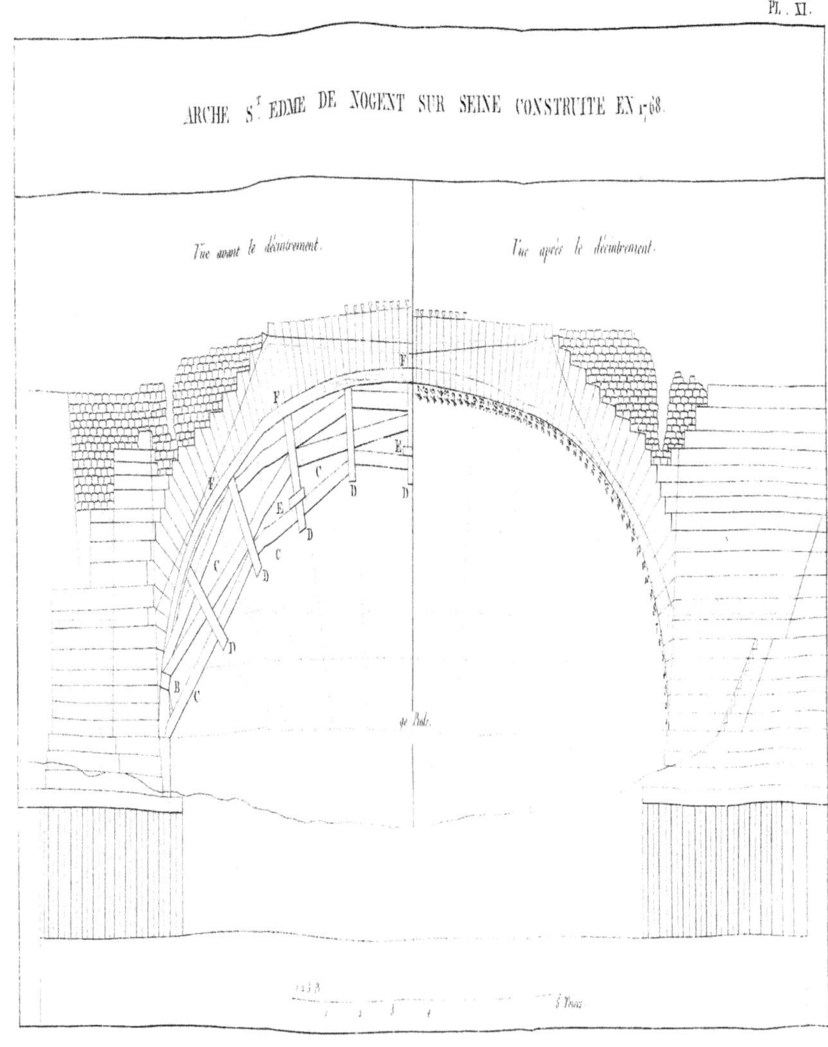
ARCHE S.T EDME DE NOGENT SUR SEINE CONSTRUITE EN 1768.
Vue avant le décintrement.
Vue après le décintrement.
F
F
E
E
C
C
D
D
B
C
F
E
D
D
40 Pieds.

PL. XII.

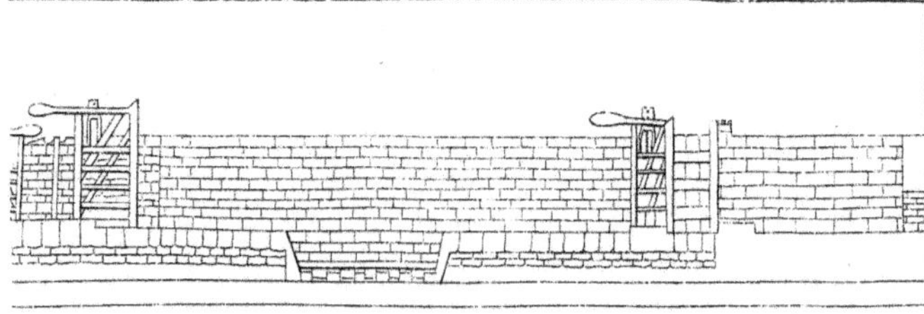

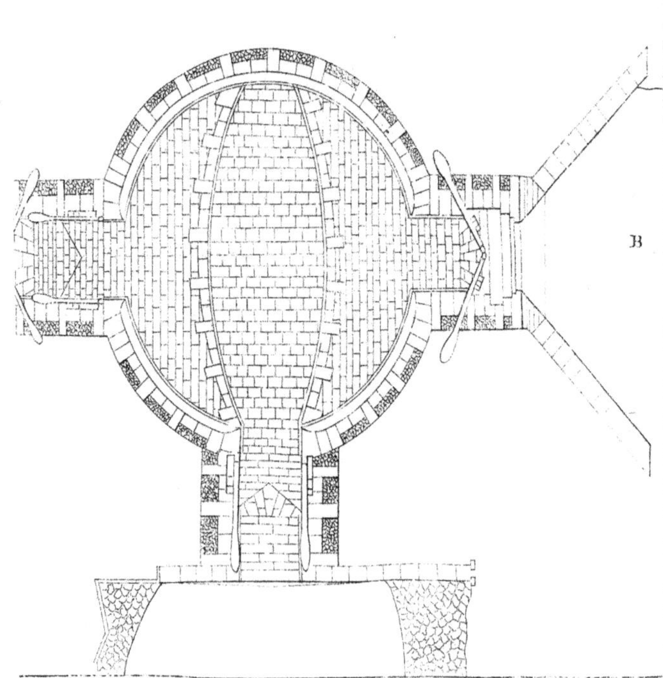

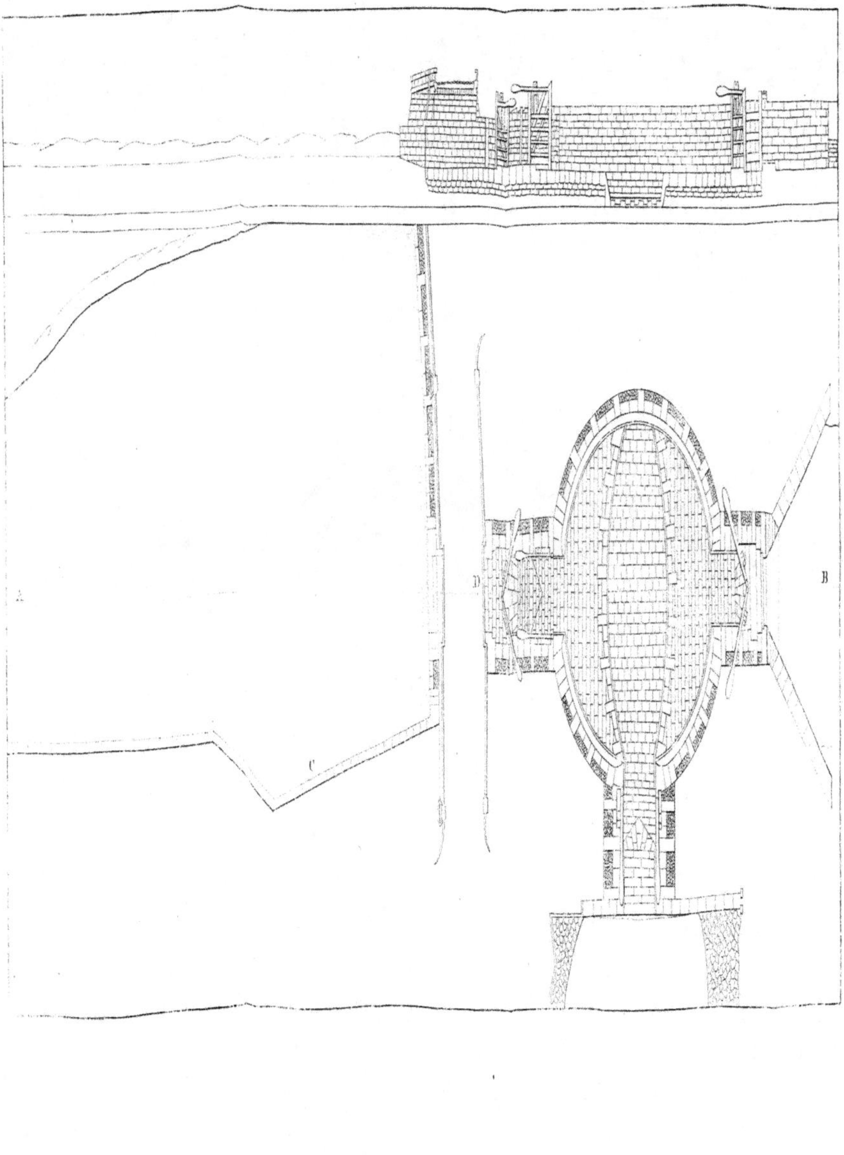

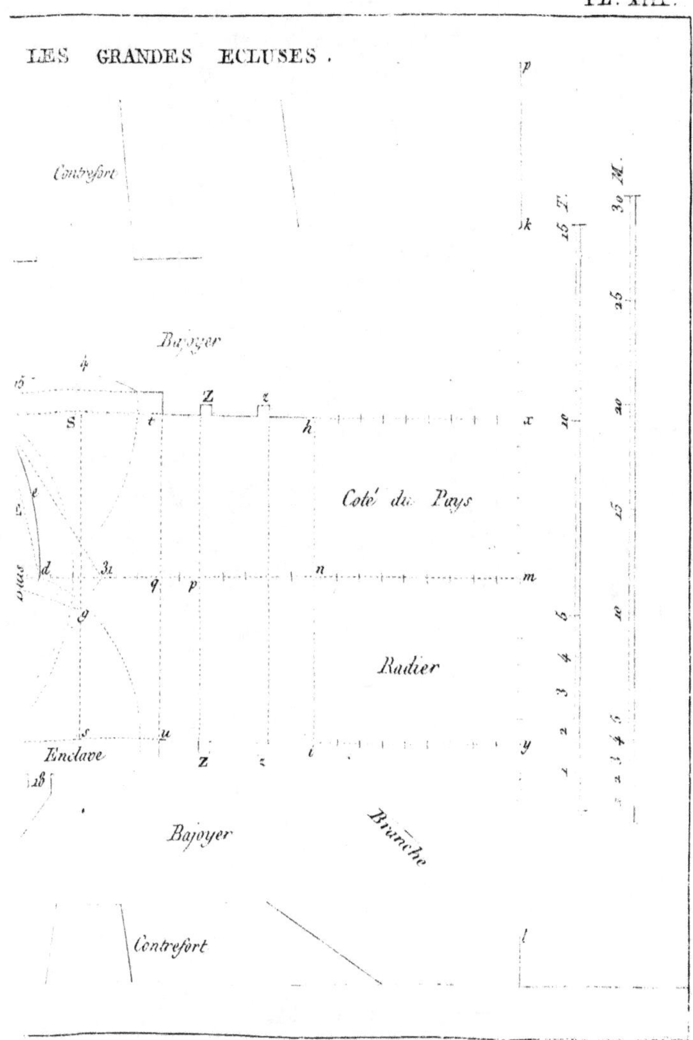
LES GRANDES ECLUSES.
Contrefort
Bajoyer
Coté du Pays
Radier
Enclave
Bajoyer
Branche
Contrefort

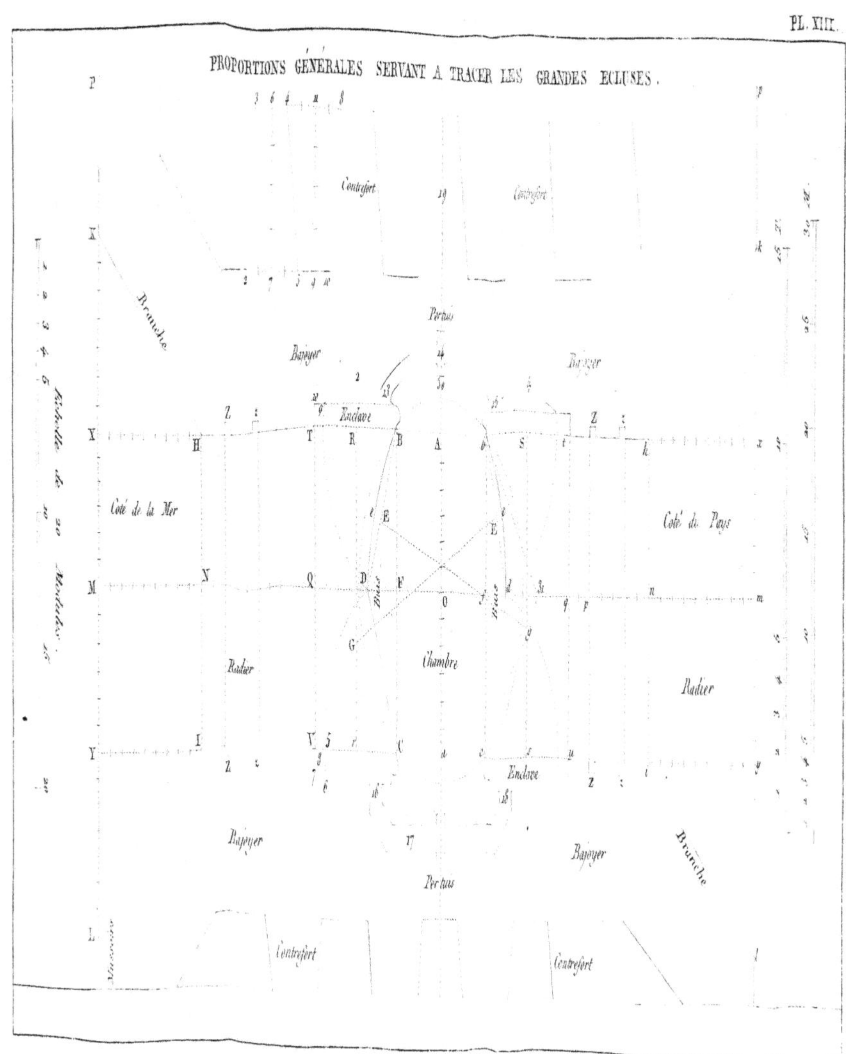
PROPORTIONS GÉNÉRALES SERVANT A TRACER LES GRANDES ÉCLUSES.
Échelle de 20 Mètres.
Branche
Contrefort
Contrefort
Pertuis
Bajoyer
Bajoyer
Enclave
Côté de la Mer
Côté du Pays
Bief
Bief
Radier
Radier
Chambre
Enclave
Bajoyer
Bajoyer
Pertuis
Contrefort
Contrefort
Branche

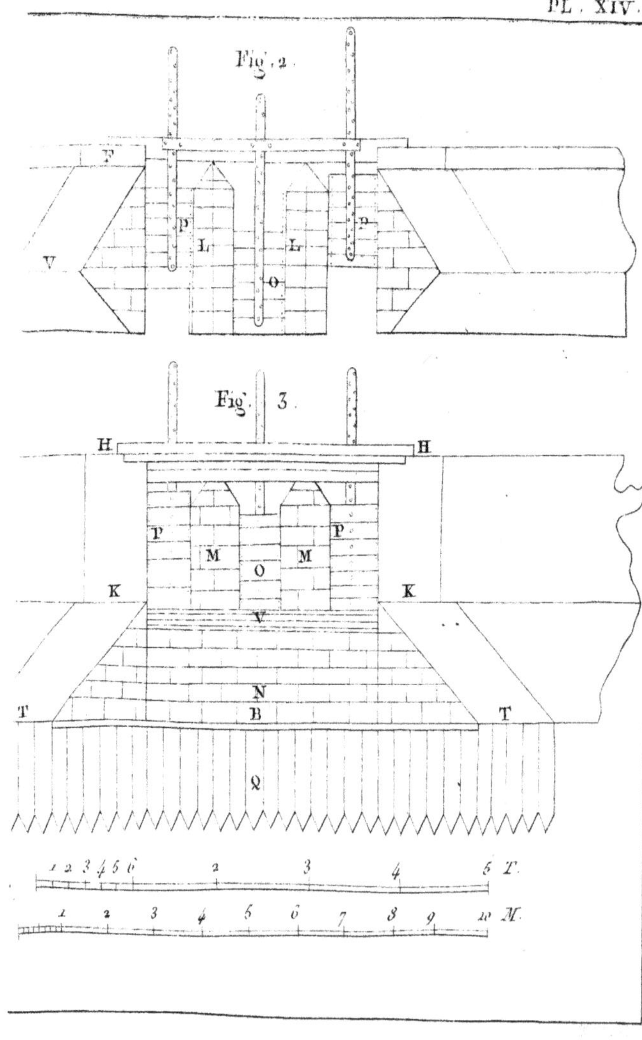
Fig. 2
P
V
P
L
L
O
p
Fig. 3
H
H
P
P
M
M
O
K
K
V
N
B
T
T
Q
1 2 3 4 5 6   2   3   4   5 T.
1 2 3 4 5 6 7 8 9 10 M.

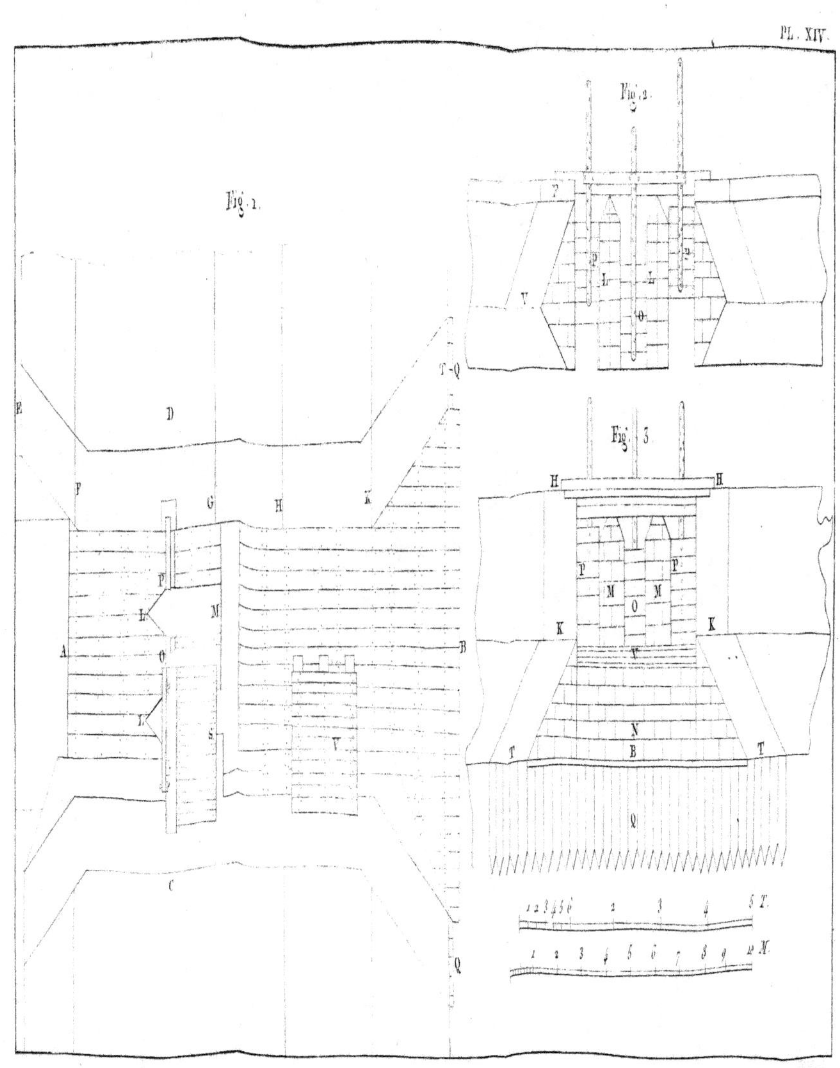
Fig. 1.
Fig. 2.
Fig. 3.

URES ET INFÉRIEURES.

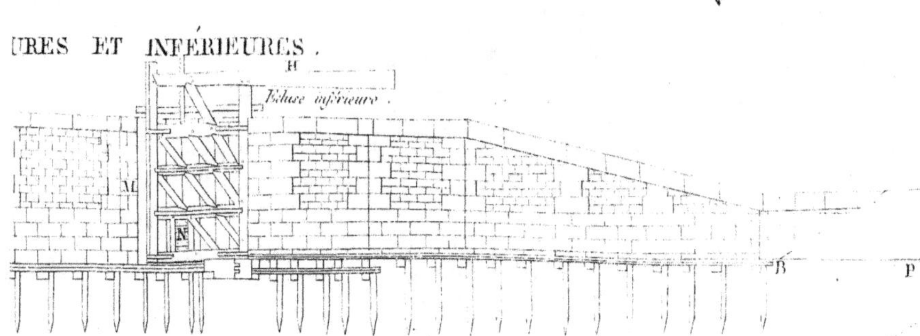

LA MONTÉE ET LA DESCENTE DES BATEAUX.

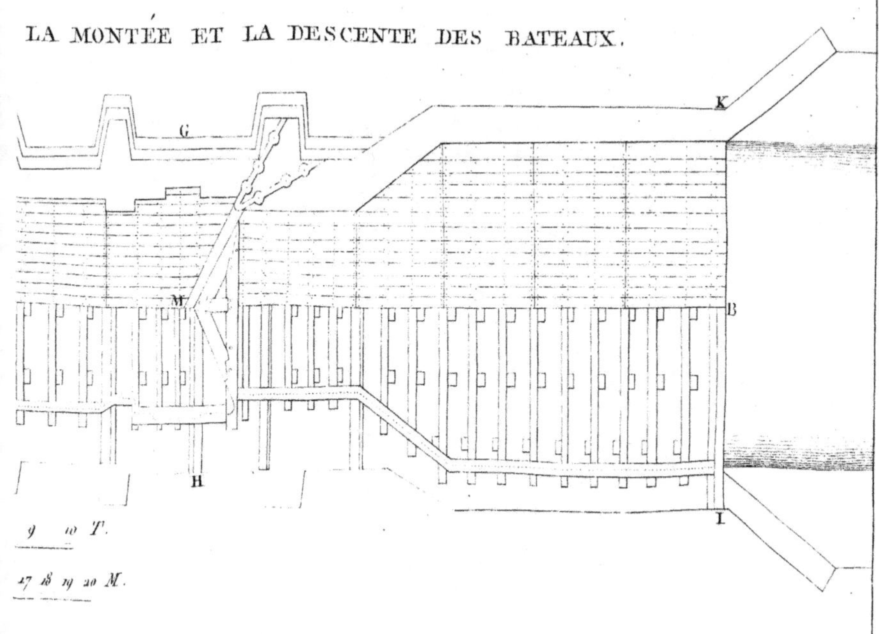

PROFIL DU SAS CI-DESSOUS AVEC CEUX DES ÉCLUSES SUPÉRIEURES ET INFÉRIEURES.

Fig. 1.

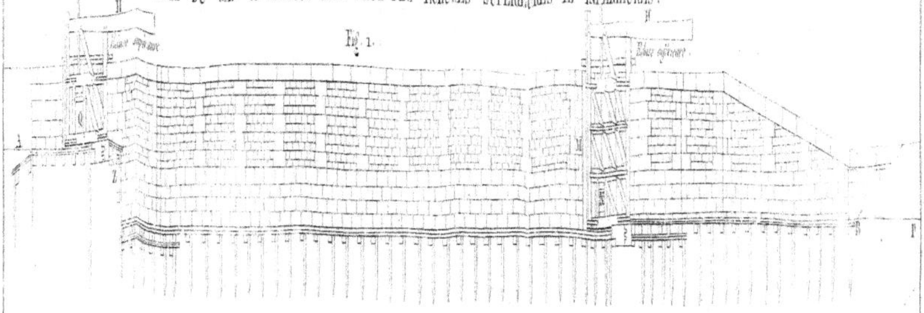

PLAN D'UN SAS A L'USAGE DES CANAUX DE NAVIGATION POUR FACILITER LA MONTÉE ET LA DESCENTE DES BATEAUX.

Fig. 2.

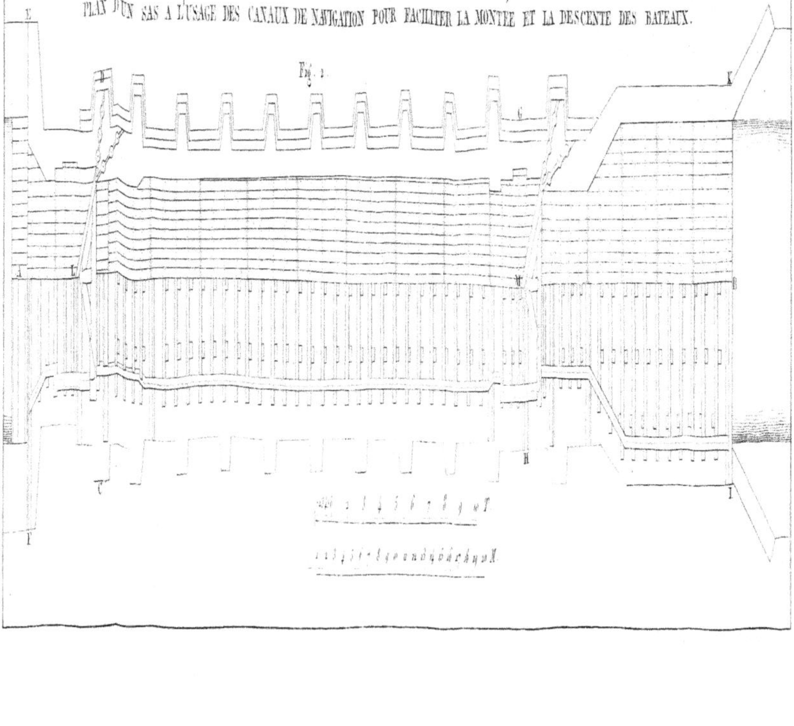

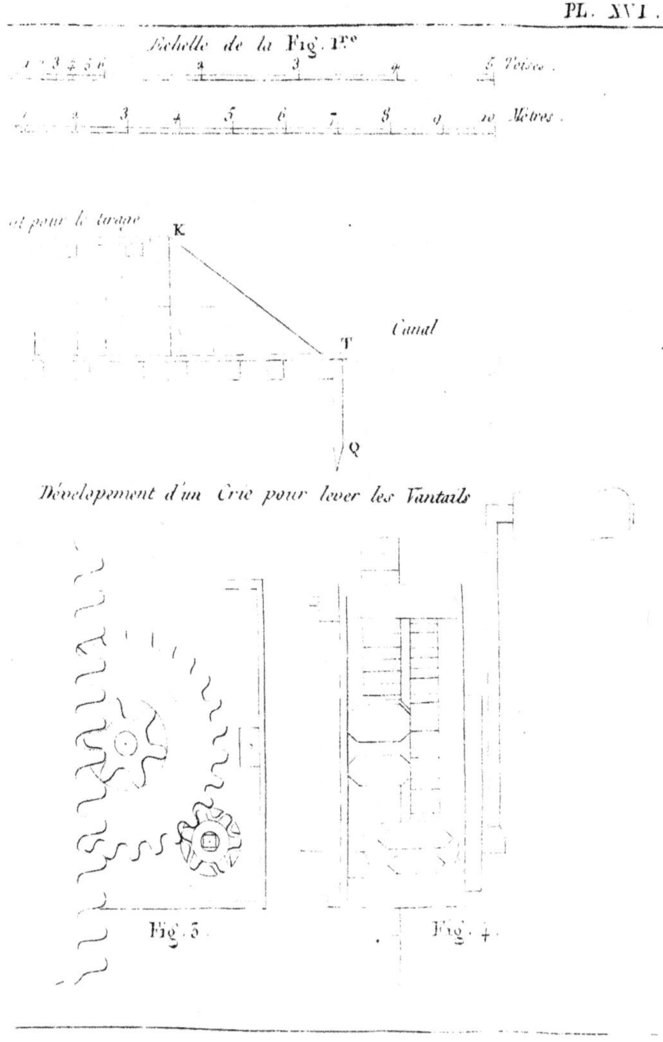

Echelle de la Fig. 1re
5 Voises
Metres
et pour le tirage
K
T
Canal
Q
Dévelopement d'un Cric pour lever les Vantails
Fig. 3.
Fig. 4.

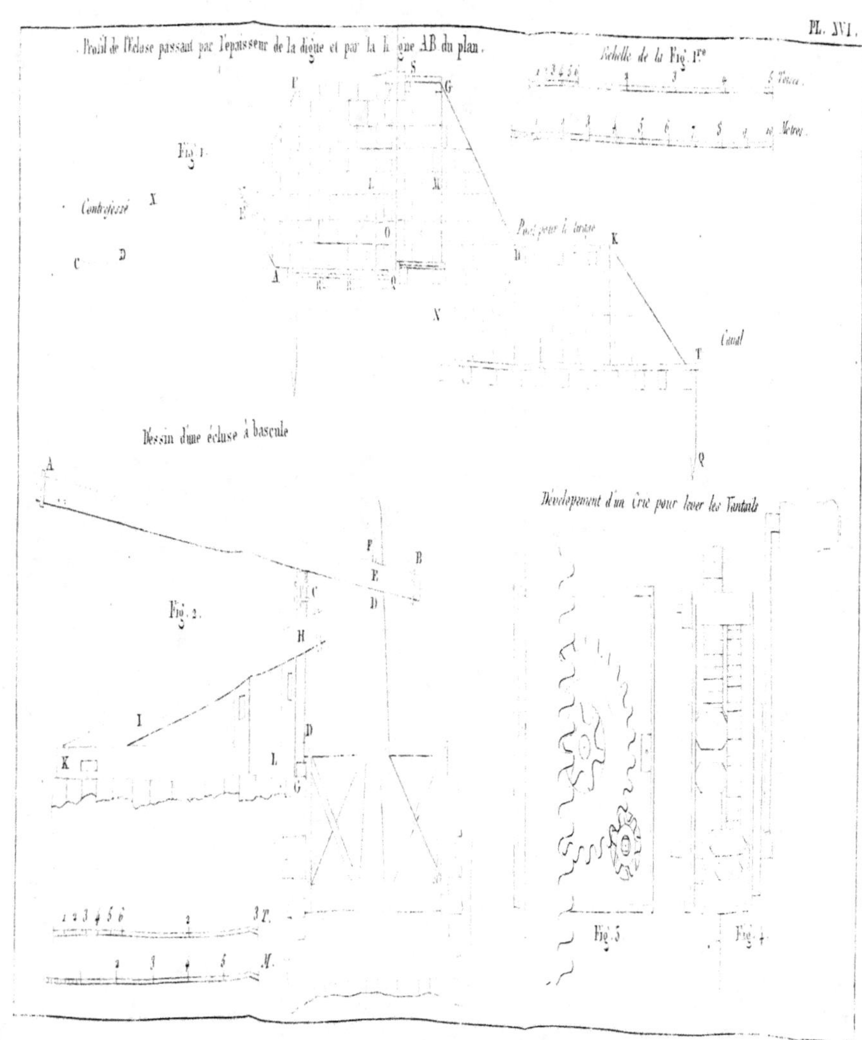

Profil de l'Écluse passant par l'épaisseur de la digue et par la ligne AB du plan.
Échelle de la Fig. 1re
1 2 3 4 5 6   2   3   4   5 Toises.
1 2 3 4 5 6 7 8 9 10 Mètres.
Fig. 1.
Contre-fossé
X
C   D
S
G
L   M
O
A   Q
N
Pont pour le tirage
D   K
Canal
T
Q
Dessin d'une écluse à bascule
A
F   B
E
C
D
Fig. 2.
H
I
K   L
D
L
G
Développement d'un cric pour lever les Vantaux
1 2 3 4 5 6   2   3 P.
2   3   4   5 M.
Fig. 3.   Fig. 4.

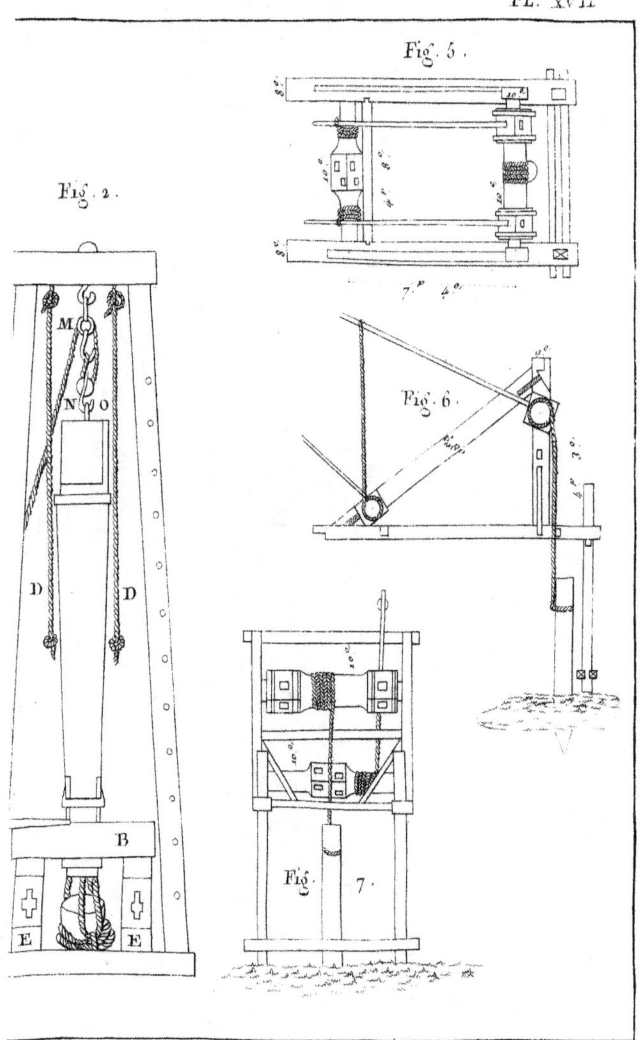

Fig. 5.
Fig. 2.
Fig. 6.
Fig. 7.
M
N O
D D
B
E E

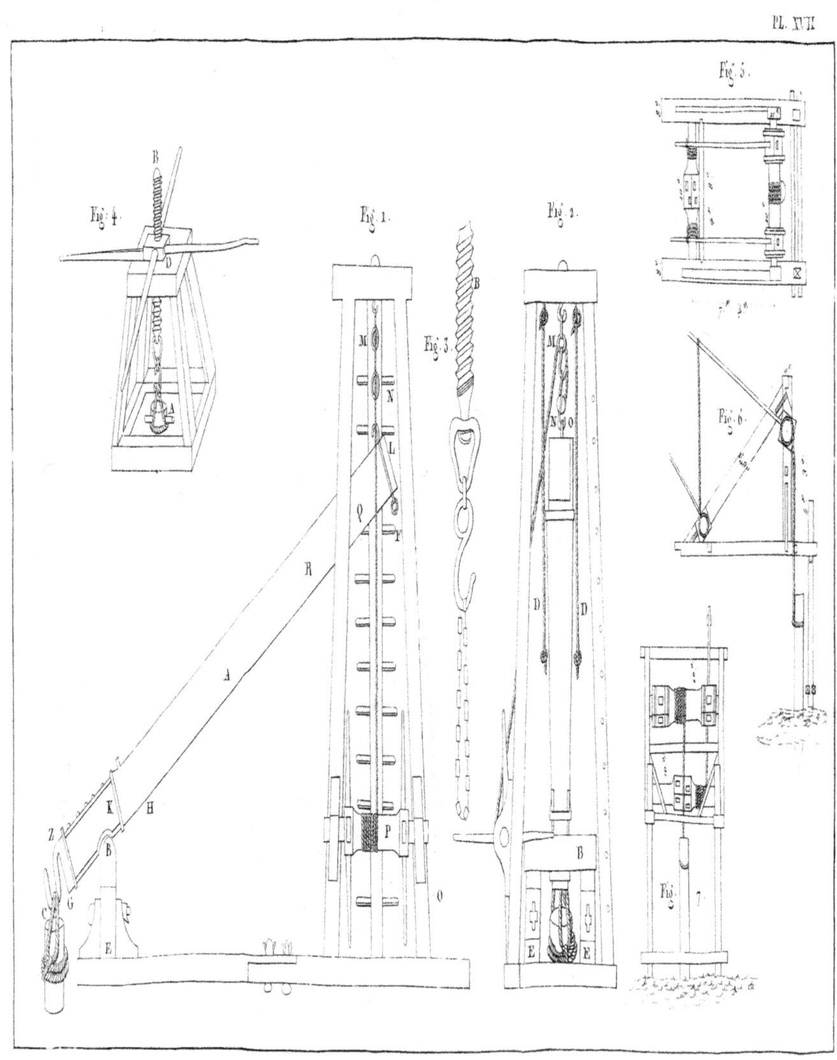

Fig. 4.
Fig. 1.
Fig. 2.
Fig. 3.
Fig. 5.
Fig. 6.
Fig. 7.
B
A
R
Z
K
H
B
G
C
E
M
N
L
Q
T
P
O
B
M
N
O
D
D
B
E
E
D

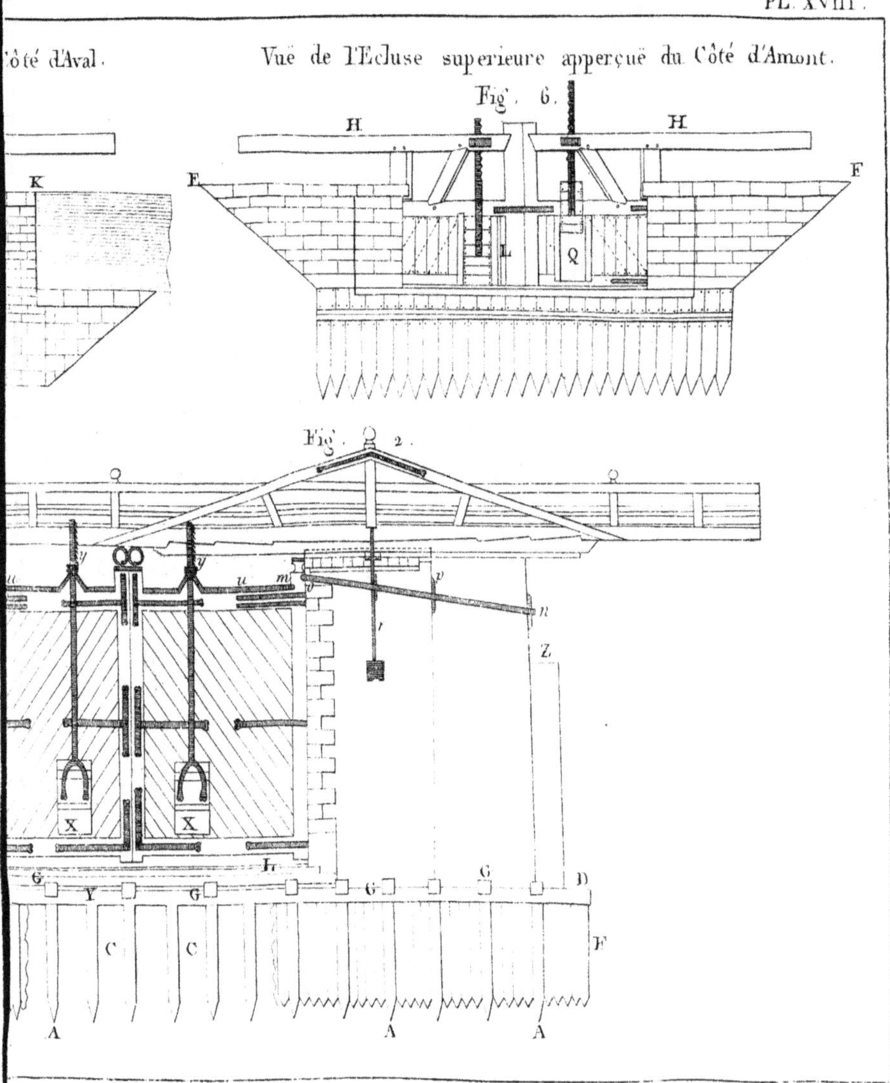
Côté d'Aval.
Vue de l'Ecluse superieure apperçuë du Côté d'Amont.
Fig. 6.
H
H
E
F
K
L
Q
Fig. 2.
O
O
u
y
v
u
m
p
n
r
Z
X
X
F
G
G
D
Y
G
G
F
C
C
A
A
A

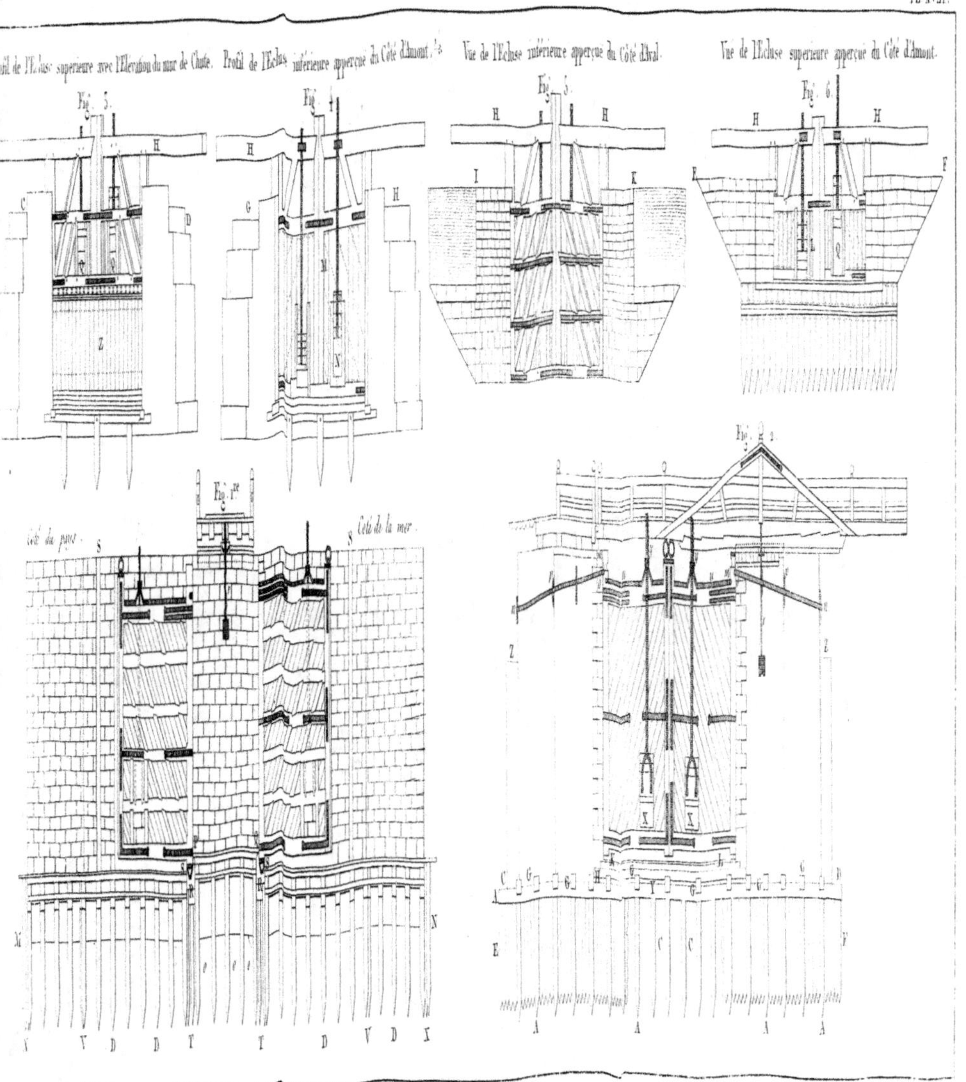

Profil de l'Ecluse superieure avec l'Elevation du mur de Chute.
Profil de l'Ecluse inférieure apperçue du Côté d'Amont.
Vue de l'Ecluse intérieure apperçue du Côté d'Aval.
Vue de l'Ecluse superieure apperçue du Côté d'Amont.
Fig. 3.
Fig. 4.
Fig. 5.
Fig. 6.
Fig. 1re.
Fig. 2.
Côté du parc.
Côté de la mer.

Dessein d'une Vanne   qu'on peut lever avec des
Roues à bras, ou tours à roues.

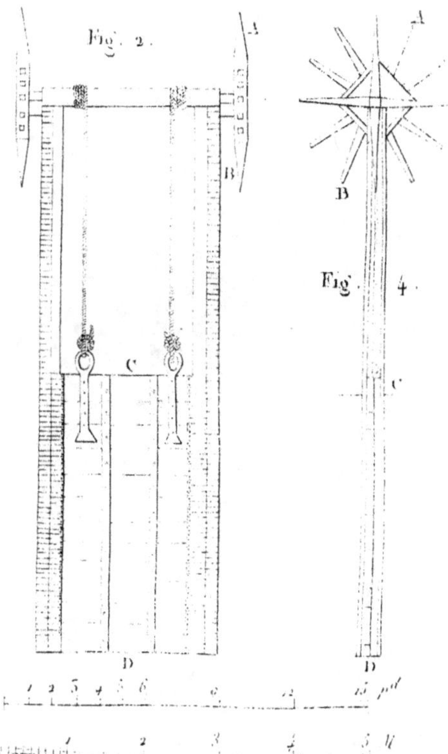

Développement d'une Ecluse de Charpente propre à former des Inondations et à faciliter la Navigation des petites Rivieres.
Profil de l'Ecluse Coupé sur la ligne IK.
Fig. 1.
Dessein d'une Vanne qu'on peut lever avec des Roues à bras, ou tours à cones.
Fig. 2.
Fig. 4.
Echelle de la 1re Fig.
Fig. 5.
Dessein d'une Vanne qui se leve avec une vis en faisant tourner l'ecrou à l'aide d'une roue horizontale.

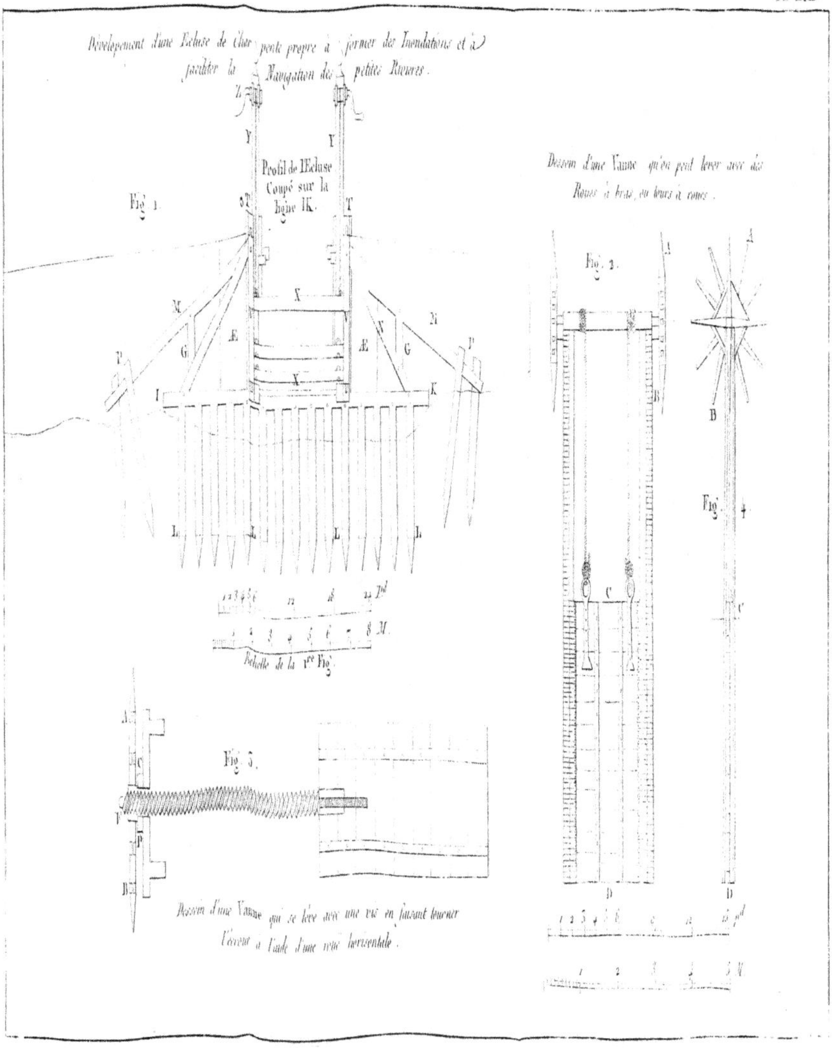

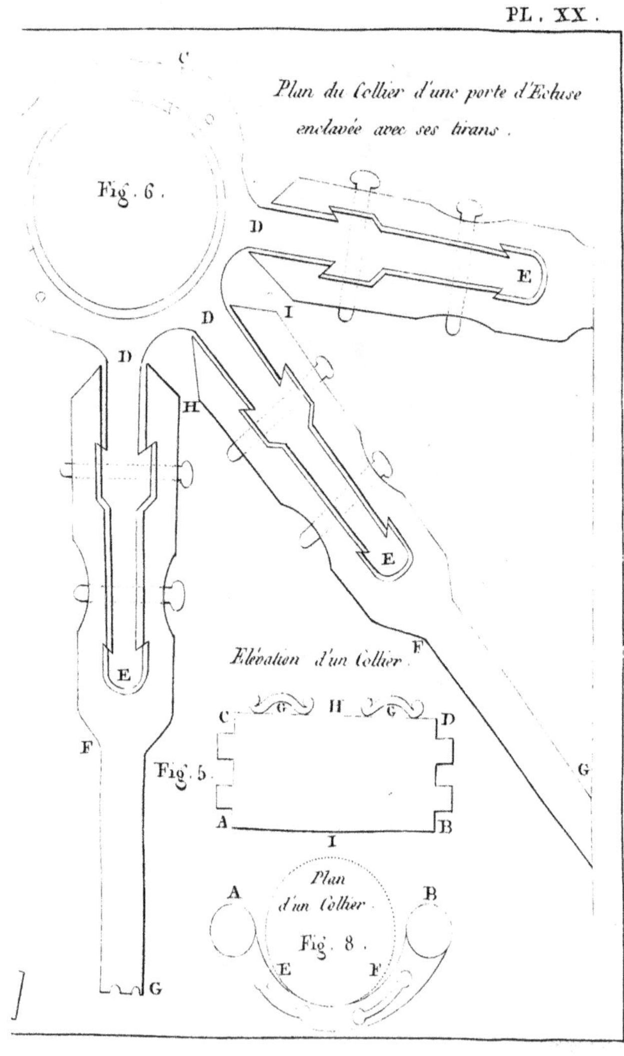
Fig . 6 .
Plan du Collier d'une porte d'Écluse
enclavée avec ses tirans .
D
E
D
I
D
H
E
F
E
F
Élévation d'un Collier .
C G H G D
A I B
Fig . 5 .
G
Plan
d'un Collier .
A B
Fig . 8 .
E F
G

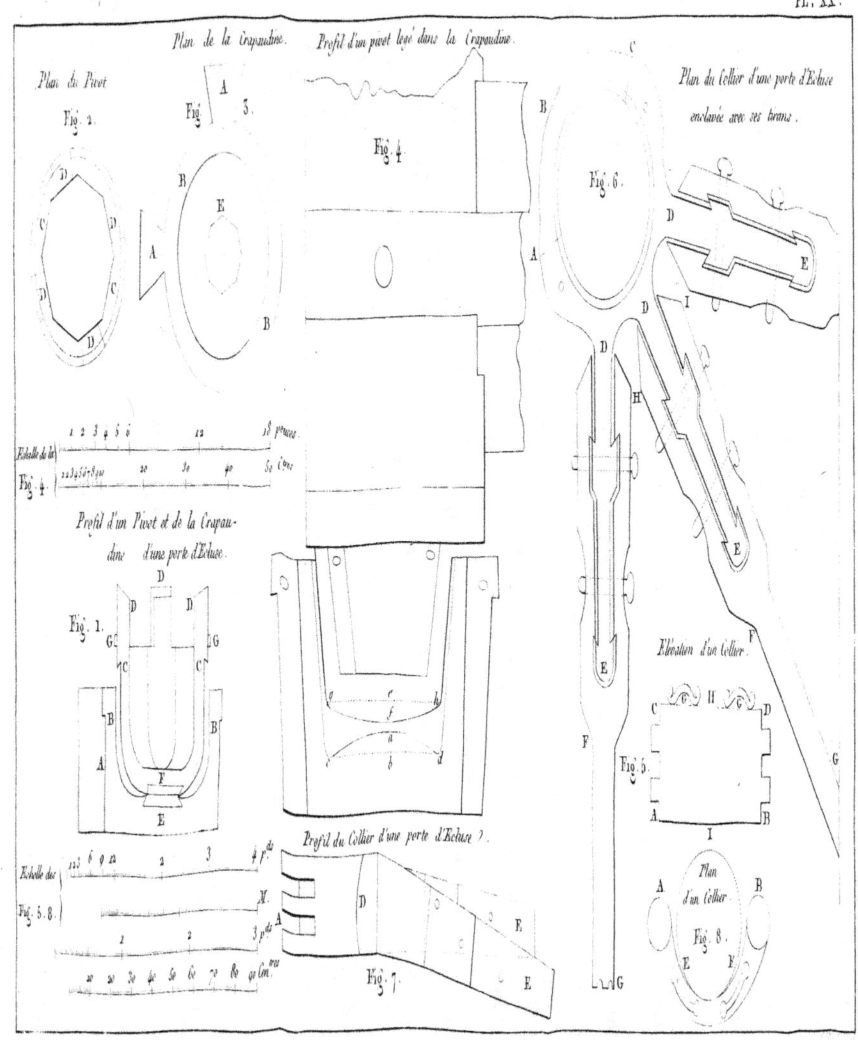
Plan de la Crapaudine.
Profil d'un pivot logé dans la Crapaudine.
Plan du Pivot
Fig. 2.
Fig. 3.
A
B
E
A
B
Fig. 4.
C
B
Plan du Collier d'une porte d'Écluse
enclavée avec ses tirans.
Fig. 6.
A
D
E
D
I
D
H
E
Echelle de la
1 2 3 4 5 6   12   18 pouces.
Fig. 4.
1 2 3 4 5 6 7 8 9 10   20   30   40   50 Cent.
Profil d'un Pivot et de la Crapau-
dine d'une porte d'Écluse.
Fig. 1.
D
D   D
G   G
C   C
B   B
A
F
E
g   e   h
f
a
c   b   d
Élévation d'un Collier.
F
F
C   H   D
Fig. 5.
A   I   B
Echelle des
1 2 3 6 9 12   2   3   4 p.ds
Fig. 5. 8.
M
2   3 p.ds
1   2
10 20 30 40 50 60 70 80 90 Cen.res
Profil du Collier d'une porte d'Écluse.
D
F
E
Fig. 7.
Plan
d'un Collier
Fig. 8.
A   B
E   F

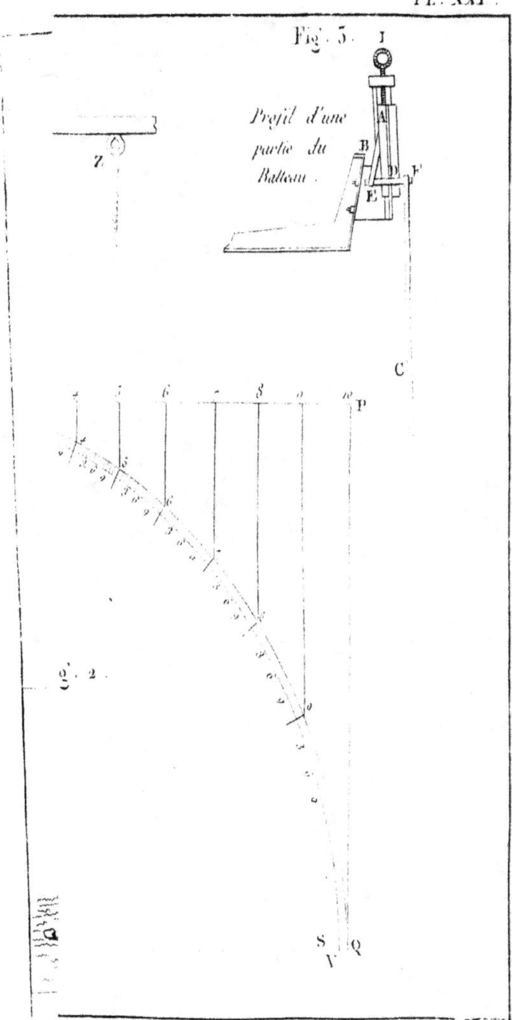
Fig. 5.
J
Profil d'une
partie du
Batteau.
A
B
D
E
F
C
P
Q
S
V

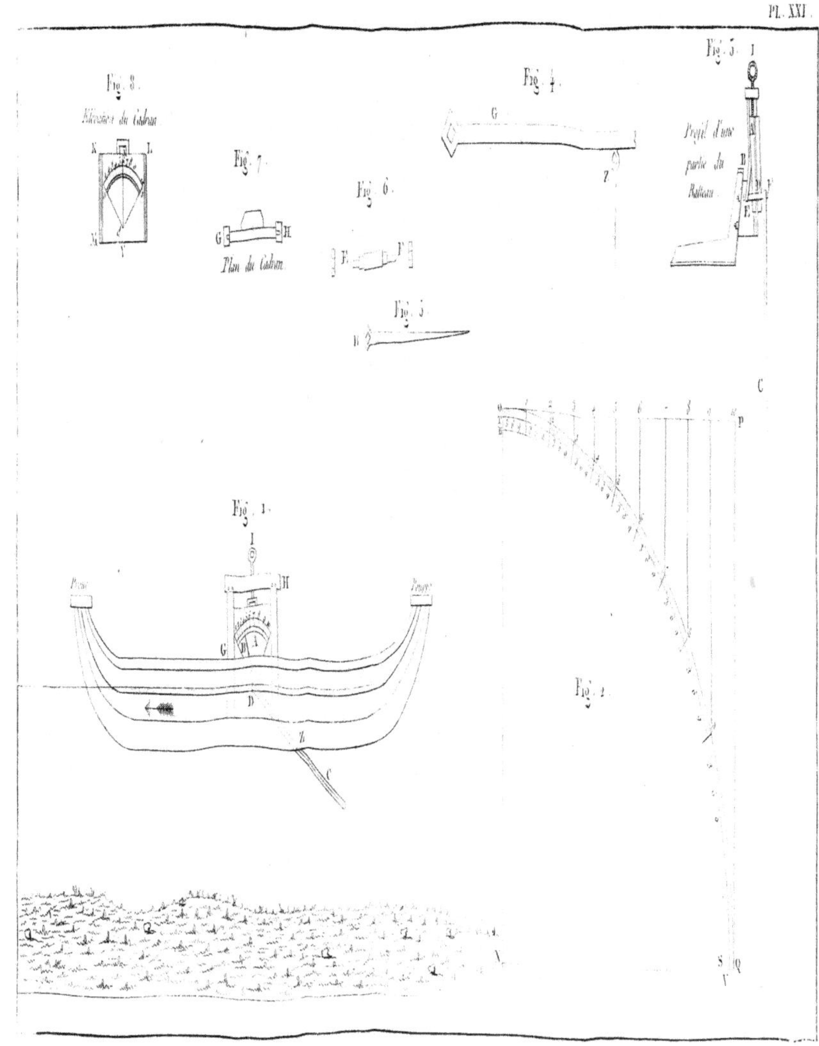

Fig. 8.
Elévation du Cadran
K L
M Y
Fig. 7.
G H
Plan du Cadran.
Fig. 6.
F F
Fig. 4.
G
Fig. 5.
Profil d'une
partie du
Bateau
Fig. 3.
Fig. 1.
I
H
G D
D
Z
C
Proue
Proue
Fig. 2.
C
P
S Q

Fig. 5.

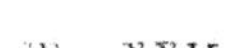

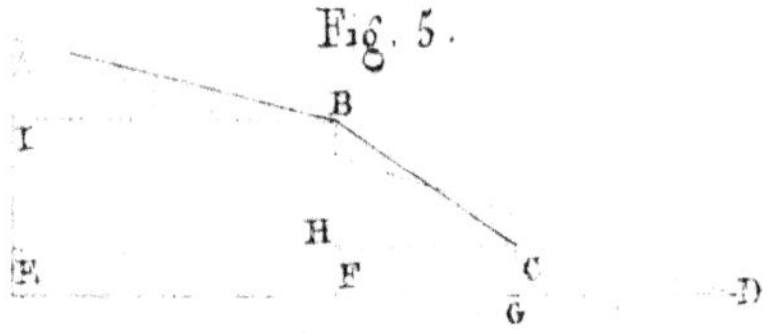

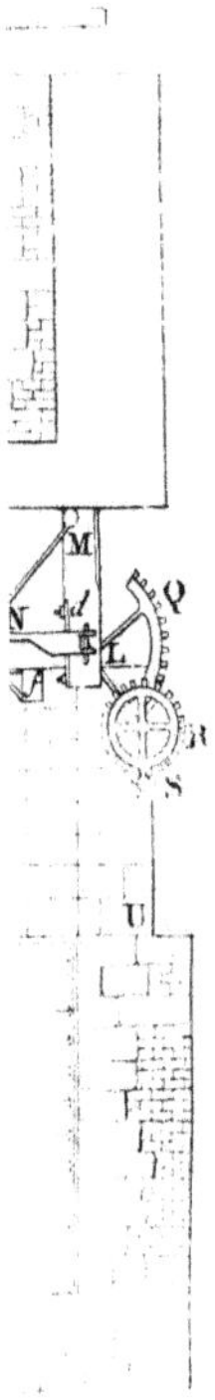

Fig. 6.

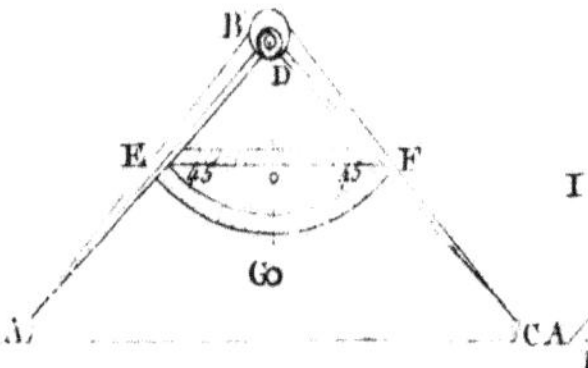

Fig. 7.

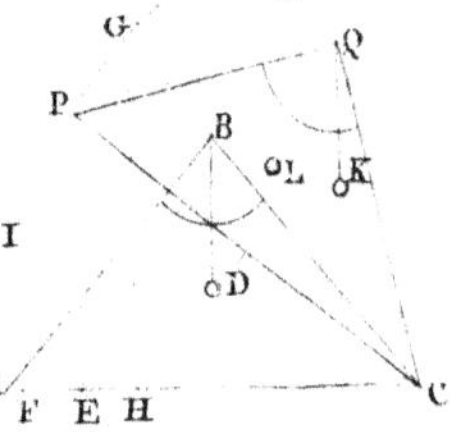

Echelle des Figures 1. 2. 3. 4me

1 2 3 4 10 Mètre

Nouvelle Écluse de M. de Betancourt.

Fig. 2.

Fig. 1.

Fig. 3.

Fig. 4.

Fig. 5.

Fig. 6.

Fig. 7.

Échelle des Figures 1 à 4.

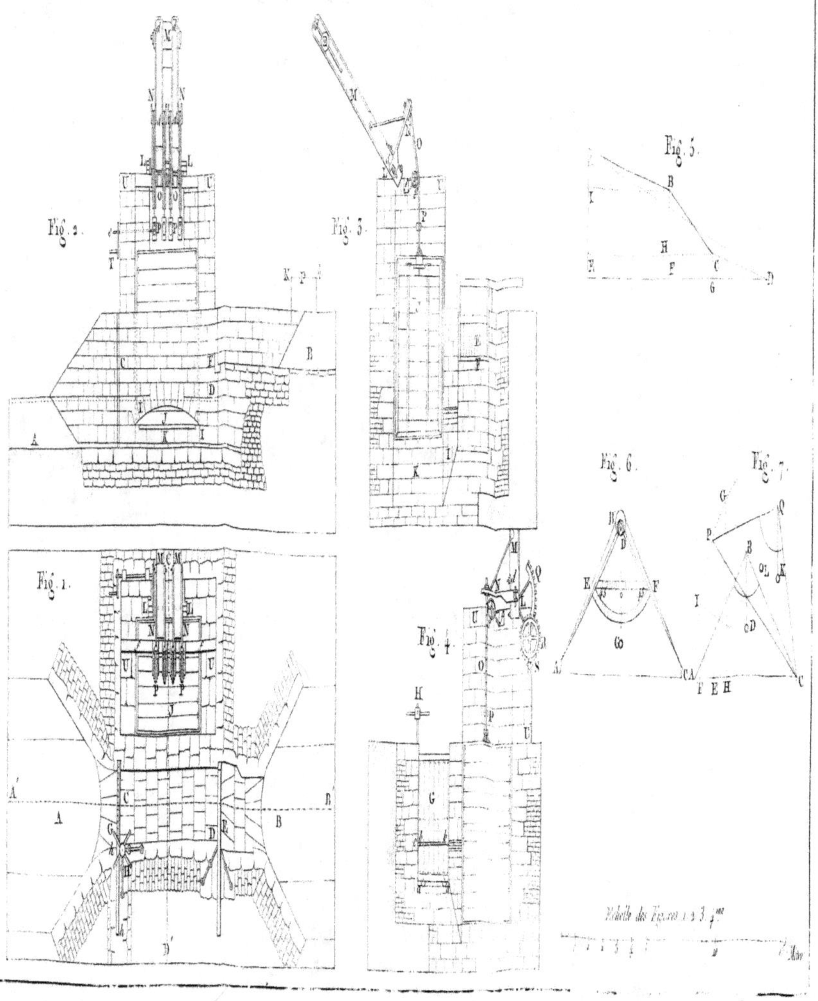

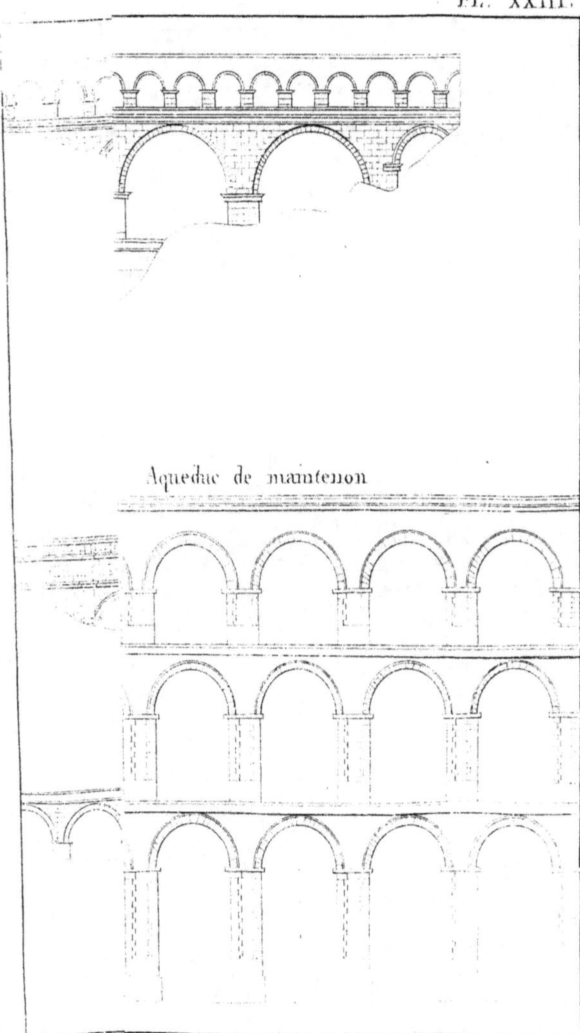

Aqueduc de maintenon

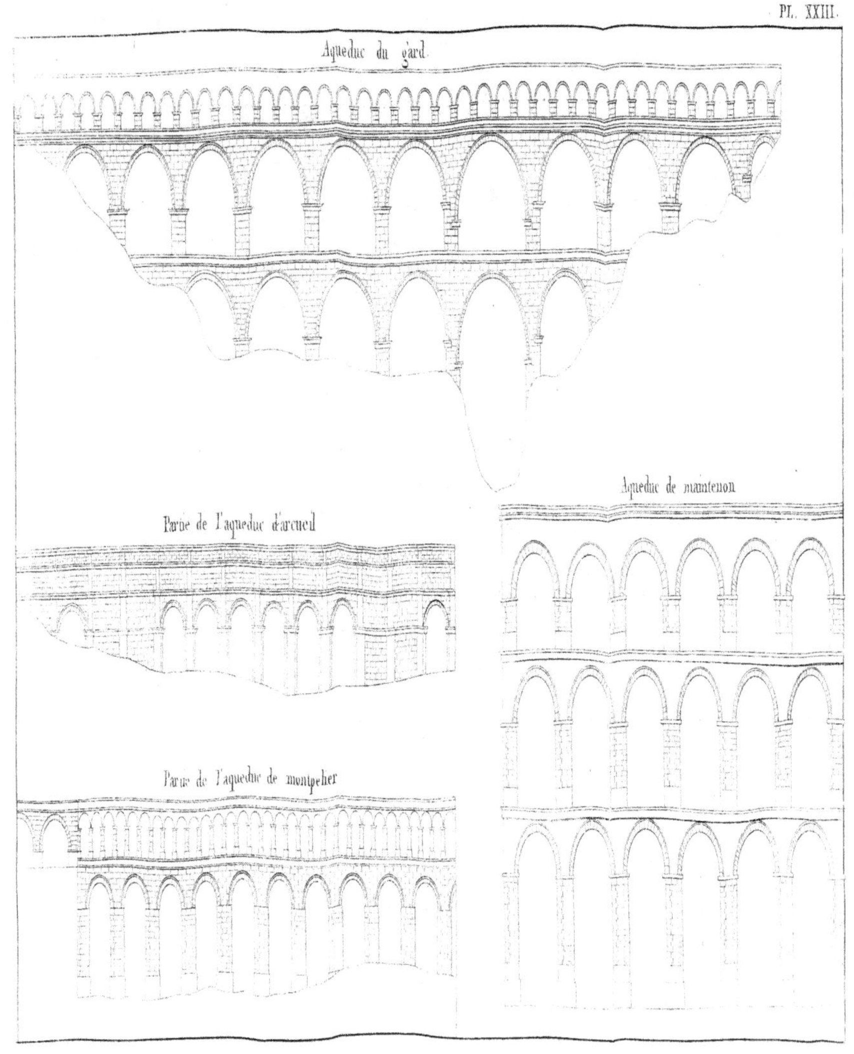

Aqueduc du gard.
Partie de l'aqueduc d'arcueil
Aqueduc de maintenon
Partie de l'aqueduc de montpeher

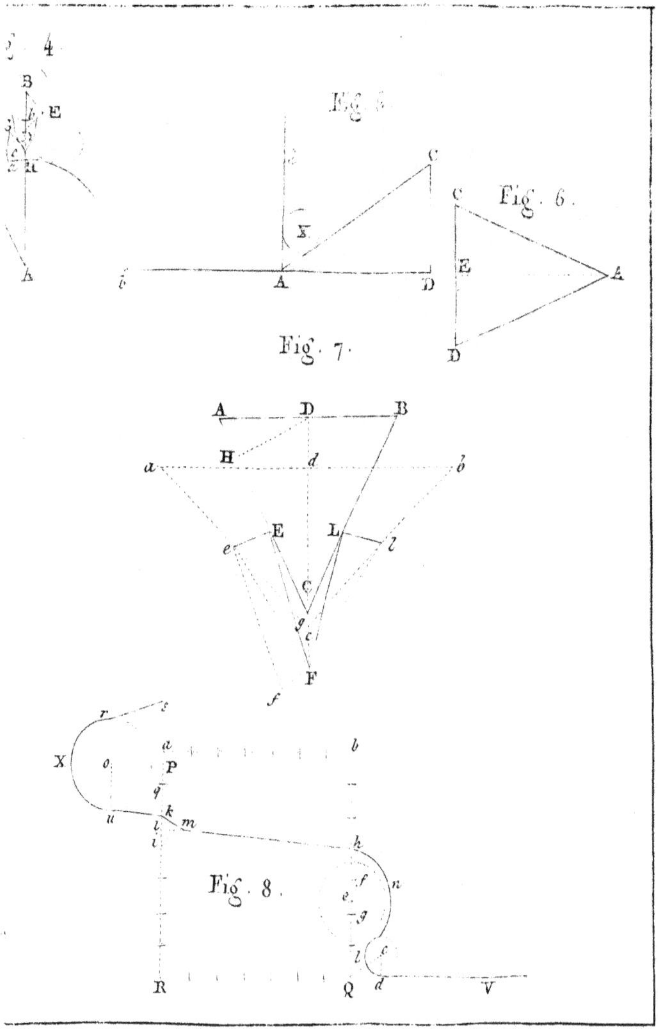

Pl. XXIV.
Fig. 4
Fig. 5
Fig. 6
Fig. 7
Fig. 8
A B C D E
a b c d e f g
H L
X R Q V
o P q u i k m h n

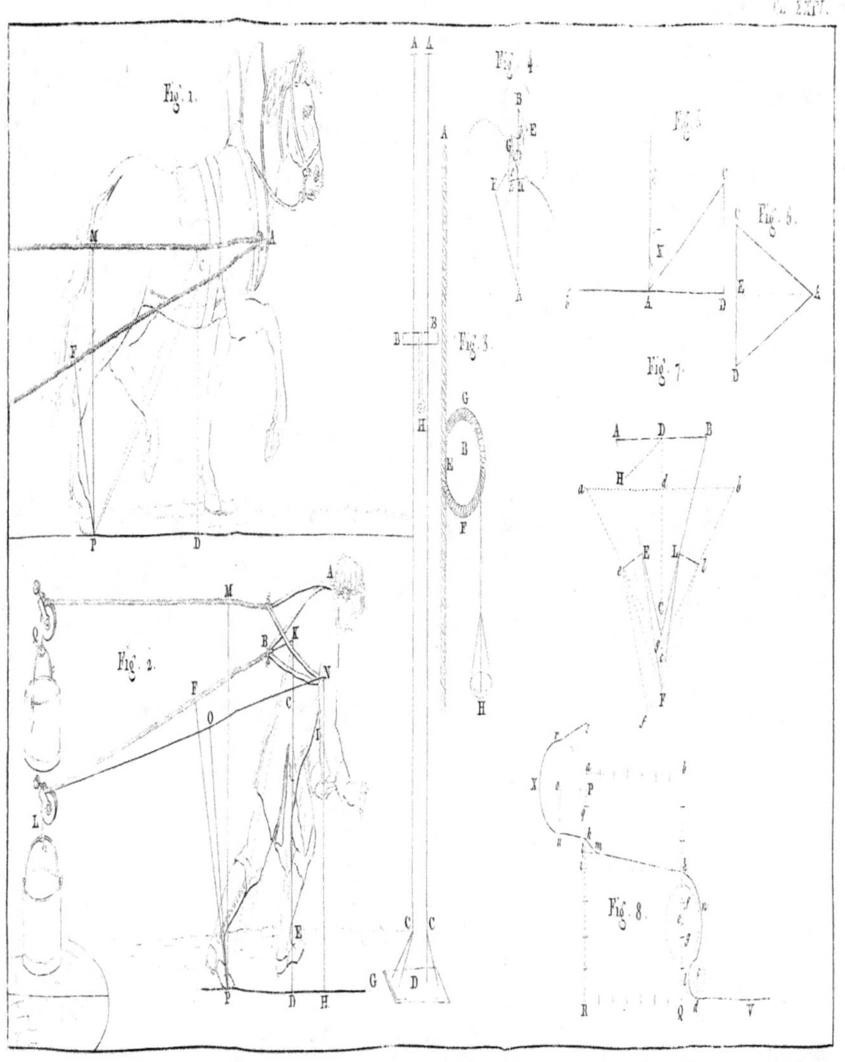

Fig. 1.
Fig. 2.
Fig. 3.
Fig. 4.
Fig. 5.
Fig. 6.
Fig. 7.
Fig. 8.

Fig. 2.
Fig. 1.
Fig. 8.
Enracinement
uche de fondations

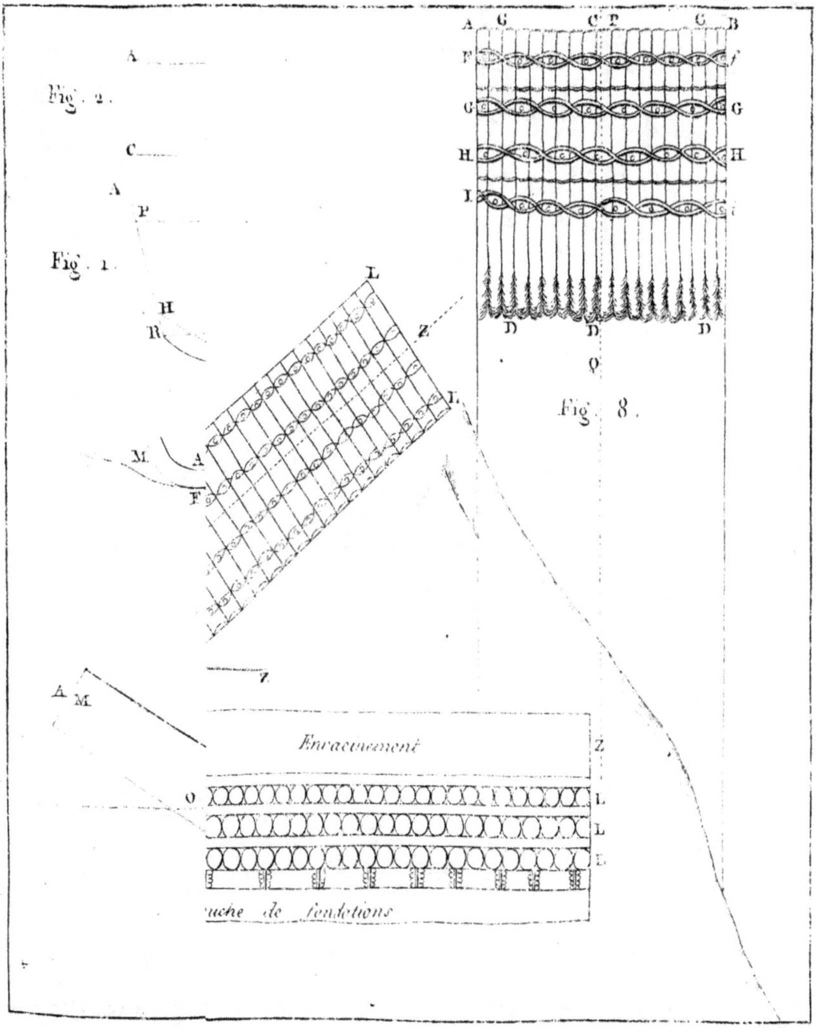

ÉCOLE
DES
PONTS ET CHAUSSÉES
BIBLIOTHÈQUE

Fig. 1.
Fig. 2.
Fig. 3.
Fig. 4.
Fig. 5.
Fig. 6.
Fig. 7.
Fig. 8.
Tune posée au dessus de la
Fondation
Enracinement
Couche de fondation

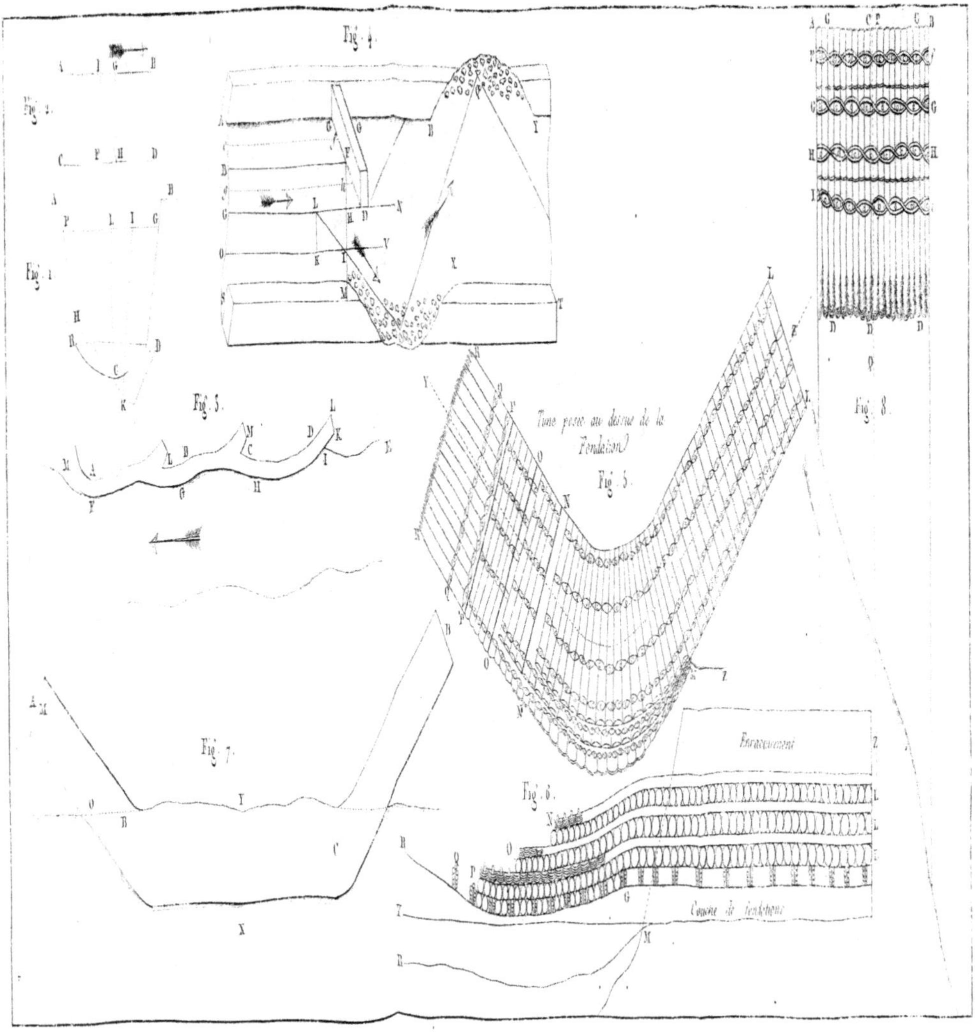

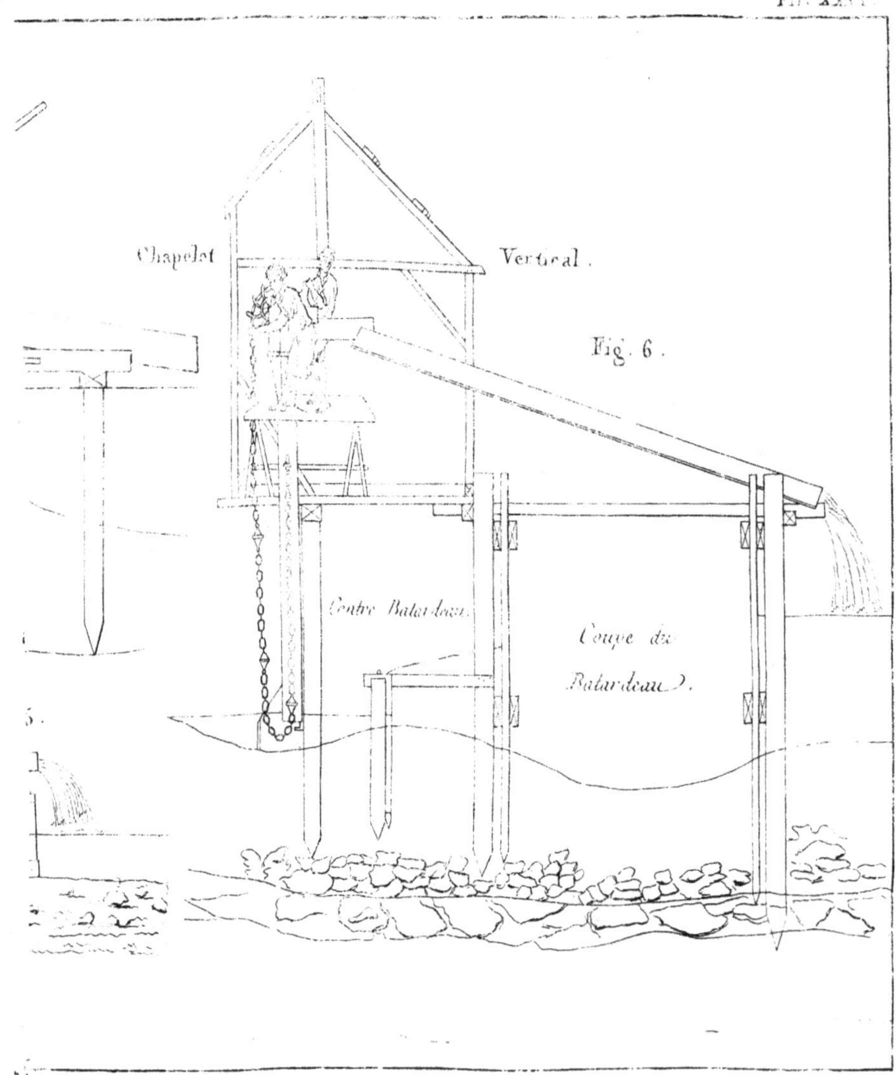
Chapelet.
Vertical.
Fig. 6.
Contre Batardeau.
Coupe du
Batardeau.

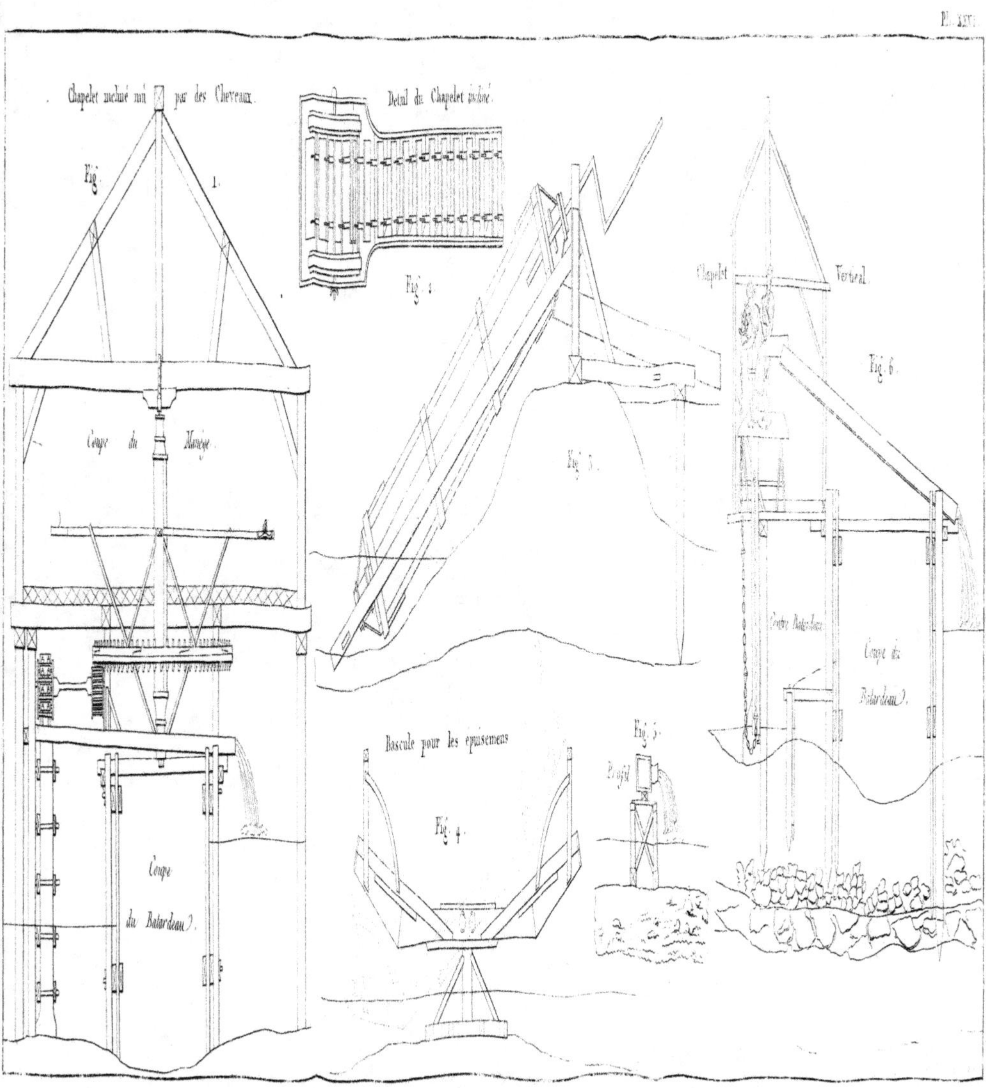
Chapelet incliné mû par des Chevaux.
Detail du Chapelet incliné.
Fig. 1.
Fig. 2.
Coupe du Manège.
Chapelet Vertical.
Fig. 6.
Contre Batardeau.
Coupe du Batardeau.
Fig. 3.
Coupe du Batardeau.
Bascule pour les epuisemens
Fig. 5.
Profil
Fig. 4.

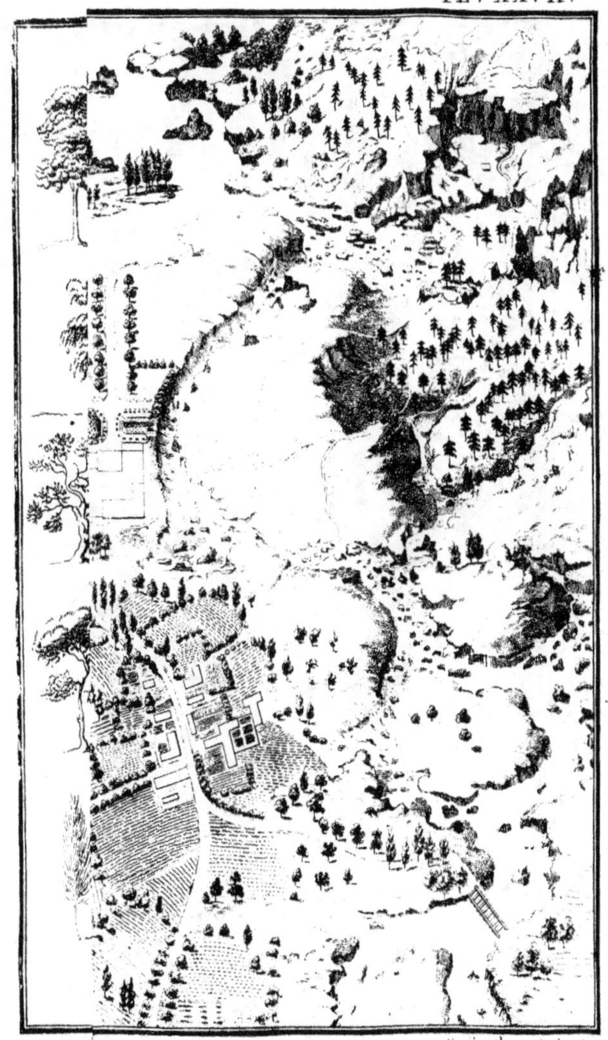

C. C. Picquet Sculp. 1811.

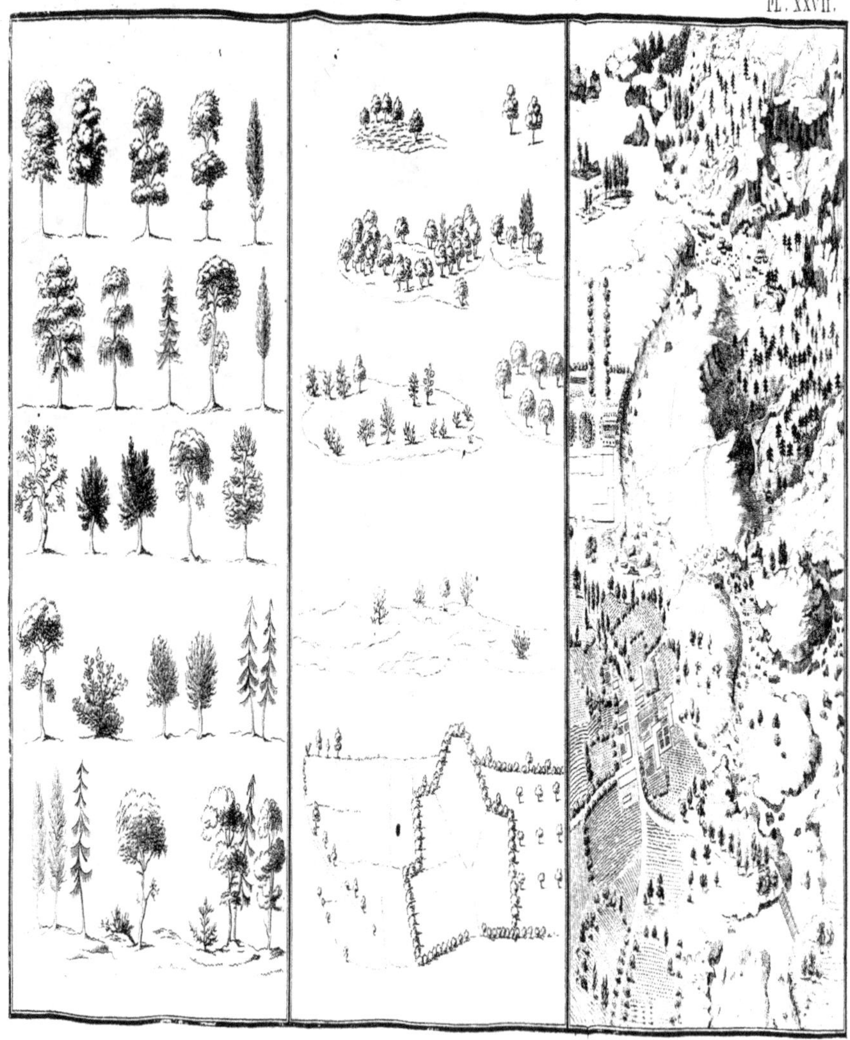

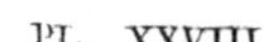

ent avec trotoir
languedoc.
Autre profil de chaussée
en empierrement.
Profil de Chaussée creuse pavée,
avec banquete.
Fig. 5.) de Chaussée
en empierrement.
Plan de deux Routes (Fig. 6 et 7.)
indiquant la manière de placer les écharpes.
ofil de route selon le projet de l'Auteur.
C. C. Drouet Sculp.t 1811

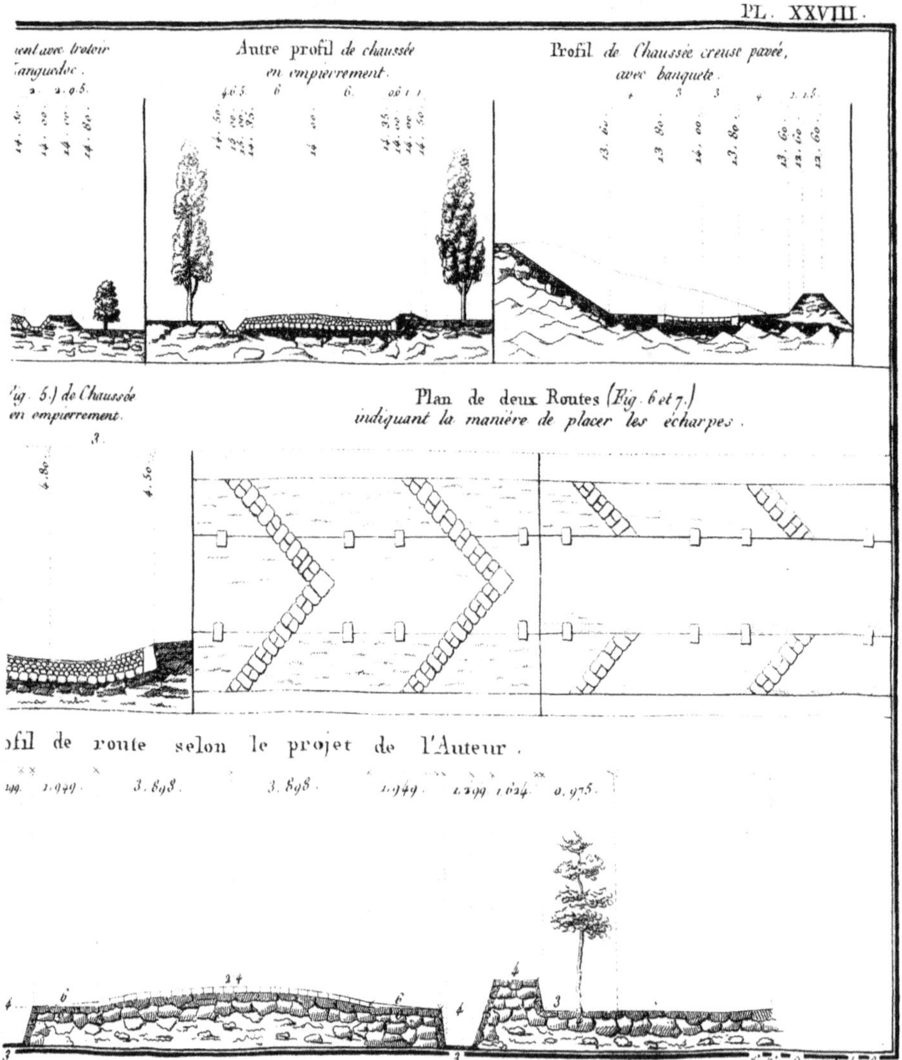

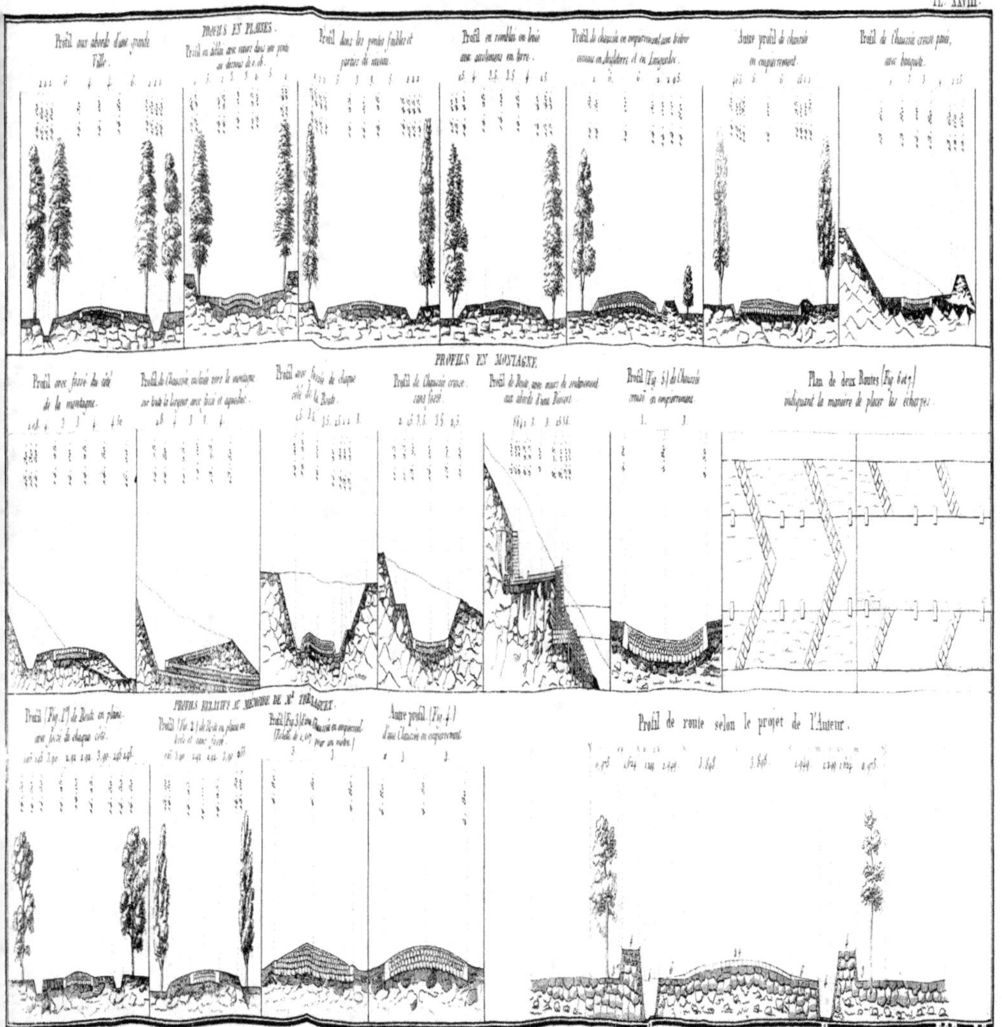
Profil aux abords d'une grande Ville.
PROFILS EN PLAINES.
Profil en déblai avec murs dans une pente au dessous de l'eau.
Profil dans les pentes faibles et parties de niveau.
Profil en remblai ou levée avec accidens en terre.
Profil de chaussée en empierrement avec trottoir connus en Angleterre et en Languedoc.
Autre profil de chaussée en empierrement.
Profil de Chaussée creuse pavée, avec banquette.
PROFILS EN MONTAGNE.
Profil avec fossé du côté de la montagne.
Profil de Chaussée inclinée vers la montagne sur toute la longueur avec fossé et aqueduc.
Profil avec fossés de chaque côté de la Route.
Profil de Chaussée creuse sans fossé.
Profil de Route avec murs de soutenement aux abords d'une Rivière.
Profil (Fig. 5) de Chaussée creusé en empierrement.
Plan de deux Routes (Fig. 6 et 7) indiquant la manière de placer les écharpes.
Profil (Fig. 1) de Route en plaine avec fossé de chaque côté.
PROFILS RELATIFS AU MÉMOIRE DE M. THÉLABET.
Profil (Fig. 2) de Route en plaine en levée et sans fossé.
Profil (Fig. 3) d'une Chaussée en empierrement (Détail de l'art. pour un mètre).
Autre profil (Fig. 4) d'une Chaussée en empierrement.
Profil de route selon le projet de l'Auteur.

PL. XXIX.

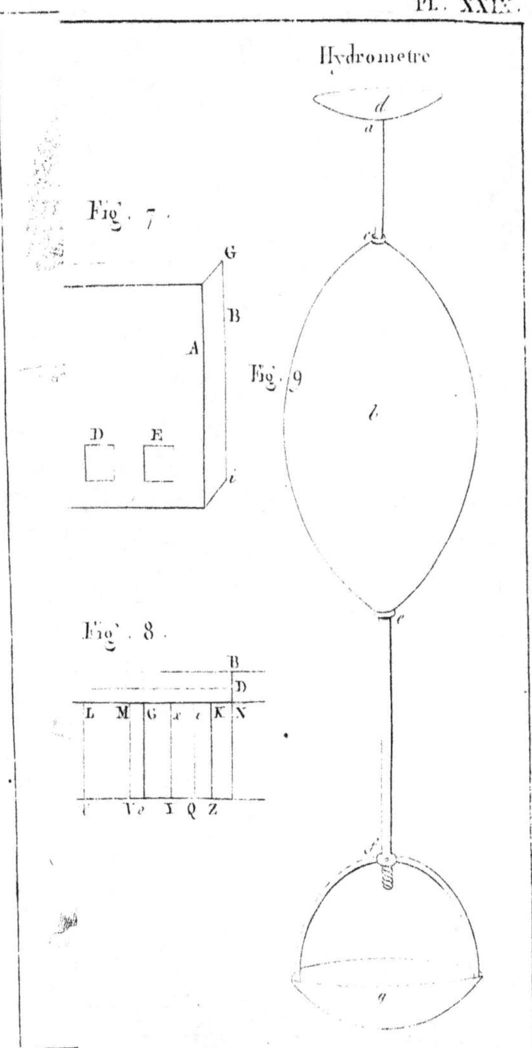

Hydromètre
Fig. 1
Fig. 2
Fig. 3
Fig. 4
Fig. 5
Fig. 6
Fig. 7
Fig. 8
Fig. 9

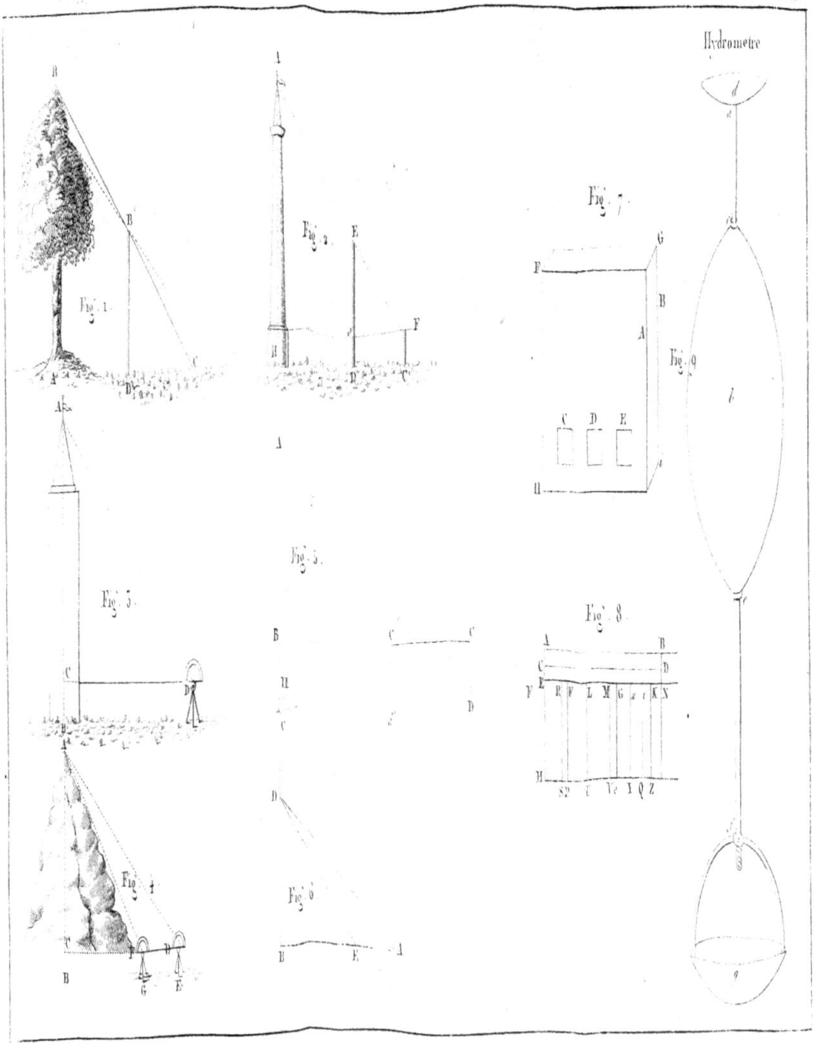

Mesures 9 Mètres

Rang des Vaisseaux		Long. 8.22 / .898
1er Rang	{ au Navi pieds à 161 151	Pie 745 / 790 / 822 / 847 / 822 / 14[?]
2e Rang	{ de 14	14 .197
3e Rang	{ de 13[?] / 133 / 13.	873 / 898 / 924
4e Rang	{ de 117 / 114 forment de murs	10[?]
5e Rang et frégates	{ de 111	9[?] Mètres
Flutes	{ 10. / 7[?]	9.745

Table 9

Espèces des Vaisseaux	
	096
	d'o18 121. ou 7.796
	7.471 ou 7.146
	6.822 ou 497
Frégate legere	{ une / de 90 16. 497 ou 5.847
	6. 497
	5.847
Brulot	{ de 5.847 / 5.847 ou 5 197
Corvette	5.197 ou 4,873
Barque	5.197 ou 4,873
Barque long.	4. 878
Tartane	4.873 ou 4,548
Hourque	4.548 ou 3.898
Gribane	3. 898
Heu	
Belandre	3.808 . 3 248 ou 29 24
Chate	2.924 ou 1 949

Table 7e Contenant le port des Vaisseaux de guerre et celui des Batteaux les plus ordinaires, estimé en Tonneau de chacun 20 quinteaux.

Vaisseaux du 1er Rang	2500 Tonneaux
1er Rang du second Ordre	1750
2e Rang	1500
3e Rang	1220
4e Rang	900
5e Rang	500
Fregattes	400
Foncets	300 à 700
Marnois	50 à 100
Chalans	30 à 40
Flettes	20 à 30
Barquettes	10 à 15

Table 8e où l'on voit Combien toutes sortes de Vaisseaux et Batteaux avec leur Charges peuvent tirer d'eau.

Vaisseaux du 1er Rang tirent d'eau	25 ou 24 p.	8.121 ou 7.796
Vaisseaux du 2e Rang	23 ou 22 p.	7.471 ou 7.146
Vaisseaux du 3e Rang	22 ou 21 p.	7.146 ou 6.822
Vaisseaux du 4e Rang	21 ou 20 p.	6.822 ou 6.497
Vaisseaux du 5e Rang	20 ou 18 p.	6.497 ou 5.847

Les grosses flettes à frégates tirent d'eau 22 p. ou 7.146

Les gabares et frégates legeres depuis 20,18,15,12,ou 6. 497. 5.847. 4.873. 3. 898

Les galeasses 24 à 25 pieds 7.790 à 8.121

Les galiotes et barques depuis 15.12.10.9.6 ou 4.873,3, 898. 3,248, 29 24,19 49

les Batteaux.

Les grands foncets tirent 7 ou 6 p. ou 274 ou 1.949

Les marnois et chalans 5 pieds 1. 624

Les flettes et barquetes & 4 ou 3 pd. 1.299 .. 975

Mesures qu'on donne aux grands Vaisseaux.

Rang des Vaisseaux	Longueur de l'Estrave à l'Étambot. Pieds	Metres	Largeur de dehors En dehors. Pieds	Metres
1er Rang	un Vaisseau de 60 pieds de long . 53	923	aura 45 pieds de large . 44	608
	161	52.299	44	14..293
	151	49.051	41	13..318
	149	48.401	40	12..994
2e Rang	de 147	47.751	40	12..994
	145	47.102	40 2 p.	13..071
	de 138	44.828	36 9 p.	11..938
3e Rang	133	43.204	36 3 p.	11..780
	130	42.229	34	11..046
	de 117	38.006	32	10..070
4e Rang	114	37.032	30	9..745
	de 111	36.057	28	9..096
	100	32.484	26	8..122
5e Rang	95	30.860	24	7..796
et frégates	de 116	37.661	26	8..446
	100	32.484	23	7..471
Flutes	76	24.688	19	6..172

Table 2e. des mesures qu'on donne aux petits Vaisseaux.

Espece du Vaisseau	Longueur de dehors en dehors. Pieds	Metres	Largeur de dehors en dehors. Pieds	Metres
Frégate legere	une frégate de 90 p. de long . 79	25.776	aura 22 p. de long . 22	7..308
	78	25.331	20	6..497
Brulot	de 108	35.083	20	8..446
	30	26.242	12	3..898
Corvette	56	18.191	18	3..847
Barque	80	26.242	16 8 p.	5..314
Barque long	40	12.994	10	3..248
Tartane	46	14.948	16	4..873
Heu	50	16.242	16 6 p.	5..369
ou Heu	60	19.490	17	5..522
Heu	60	19.490	18 6 p.	6..009
Belandre	30	9.745	6	1..948
Chate	50	16.242	16 6 p.	5..369

Mesures qu'on donne aux batteaux sur la Rivieres.

Nom des Batteaux.	Longueur entiere. Toises	Metres	Largeur de dehors en dehors. Pieds	Metres
en grand Foncet			aura 28 p.	
Normands 1e T.	52	634		9..096
Foncets grand Jean Picard de 22	42	879	23	7..471
Foncets Rh. Gonet Picard de 20	40	030	22	7..146
	de 19	37	032	20	6..497
	18	35	083	19	6..172
	13	25	337	14	4..548
Marnois de	12	23	388	18	5..847
Chalans	12 ½	25	337	13.6 p.	4..385
Flette	de 38 p.	8	842	aura 8	2..599
	de 56 p.	18	191	7	2..274
Barquette de	33 a p. 22.544		plus ou moins 5 p.	1..624
Cocq de	24 p. 7	796	aura 5	1..624
Filadiere de	30 p. 9	745	56..6 p.	1..780
Batelets de	11 p. 6	822	aura 4 p.	1..299

Table 3e. de la largeur des Ecluses destinées aux fermes et Bassins et au Passage des Batimens de mer aux batteaux et aux Fondations.

		Toises	Metres
1er Rang	aura 48 p. la largeur entre les ailes ou 45	15	592 ou 14..618
2e Rang	42		13..043
Ecluses pour les Vaisseaux du 3e Rang	40		12..994
	36		11..694
4e Rang	34		11..045
5e Rang	30		9..745
	27		8..771
Ecluse pour les autres dernier Rang	aura 18 p.		5..847
Petit batimens du	12		3..898

Ecluses pour les Galeres et autres petits Batimens	a Rames	auront 21 p.	Metres 6..822
		12	3..898
		aura 30 pieds	9..745
Foncets		24	7..796
		21	6..822
Ecluses pour les Batteaux		18	5..847
Marnois		aura 21 p.	6..822
Chalans		aura 16 p.	5..197
de la petite espece		aura 15 p.	4..873
		12	3..898
		9	2..924

Table 6e. Pour la hauteur des murs qui ferment les écluses suivant leurs differentes largeurs.

une Ecluse de	Pieds	Metres	Pieds	Metres
de 48 puds aura ou en Ailes de	16.592	30 p. de hauteur de l'ec. à la Radier	9..745
une Ecl. de 45 puds	14.618	28 puds	9..096
une Ecl. de 42	13.643	25 ou 42	8..122 ou 7..796
une Ecl. de 40	12.994	23 ou 22	7..471 ou 7..146
une Ecl. de 36	11.694	21 ou 20	6..822 ou 6..497
une Ecl. de 34	11.045	20	6..497
une Ecl. de 30	9.745	21 ou 18	6..822 ou 5..847
une Ecl. de 27	8.771	18	5..847
une Ecl. de 24	7.796	18	5..847
une Ecl. de 22	6.822	18 ou 16	5..847 ou 5..197
une Ecl. de 18	5.847	16 ou 15	5..197 ou 4..873
une Ecl. de 16	5.197	14	4..548
une Ecl. de 15	4.873	15 ou 14	4..873 ou 4..548
une Ecl. de 14	4.548	14	4..548
une Ecl. de 12	3.898	11	3..898
une Ecl. de 9	2.924	12 ou 11 q.	3..898
une Ecl. de 6	1.949	9 ou 6	2..924 ou 1..949

Table 7e. Contenant le port des Vaisseaux de guerre et Celui des Batteaux les plus ordinaires, estimé en Tonneaux de chacun 20 quintaux.

Vaisseaux du 1er Rang	2500	Tonneaux
1er Rang du second Ordre	1750	
2e Rang	1500	
3e Rang	1220	
4e Rang	900	
5e Rang	500	
Fregattes	400	
Foncets	300 a 700	
Marnois	50 a 200	
Chalans	30 a 40	
Flettes	20 a 30	
Barquettes	10 a 15	

Table 8e. où l'on voit Combien toutes sortes de Vaisseaux et Batteaux avec leur Charges peuvent tirer d'eau.

Vaisseaux du 1er Rang tirent d'eau 26 ou 24 p. 8.122 ou 7.796

Vaisseaux du 2e Rang 23 ou 22 p. 7.471 ou 7.146

Vaisseaux du 3e Rang 22 ou 21 p. 7.146 ou 6.822

Vaisseaux du 4e Rang 21 ou 20 p. 6.822 ou 6.497

Vaisseaux du 5e Rang 20 ou 18 p. 6.497 ou 5.847

Les grosses flettes à frégates tirent d'eau 22 p. ou 7..146

Les gabares et frégates legeres depuis 10.18 à 12 ou 6.497 ... 3..898 à 3.898

Les galéasses 24 à 22 puds 7..796 ou 6.822

Les galiotes et barques depuis 15.12.10.9.6 ou 4.873.3.898 3.248. 2.924 ou

les Batteaux.

Les grands foncets tirent 7 ou 6 p. ou 2 ou 1 p. 949

Les marnois et chalans 5 puds 1..624

Les flettes et barquettes &c. 4 ou 3 p. 1.299 ou 973

Fig. 4.

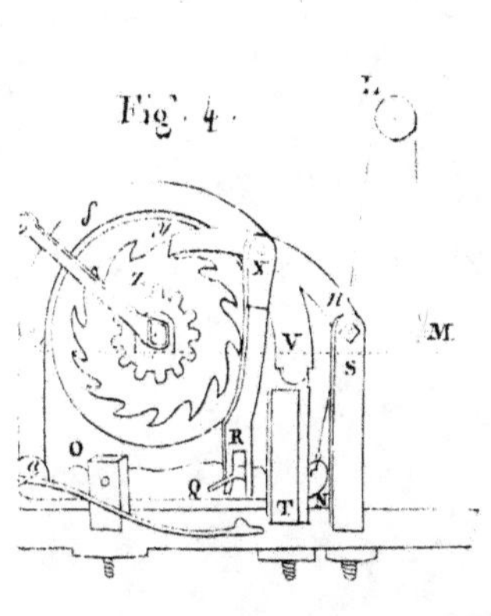

Fig. 8.

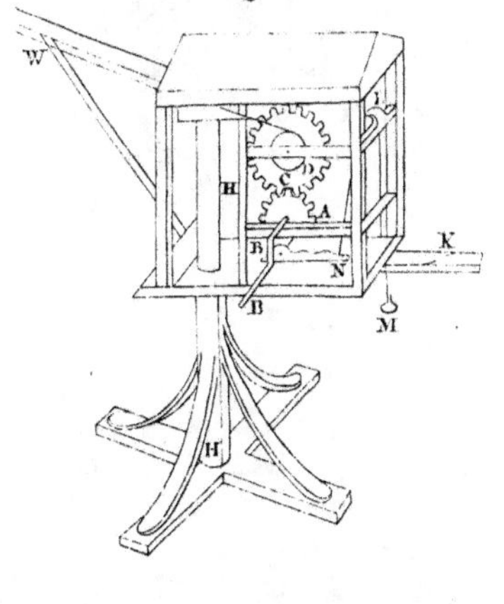

Fig. 1.
Fig. 2.
Fig. 3.
Fig. 10.
Fig. 4.
Fig. 5.
Fig. 6.
Fig. 7.
Fig. 8.
Fig. 9.

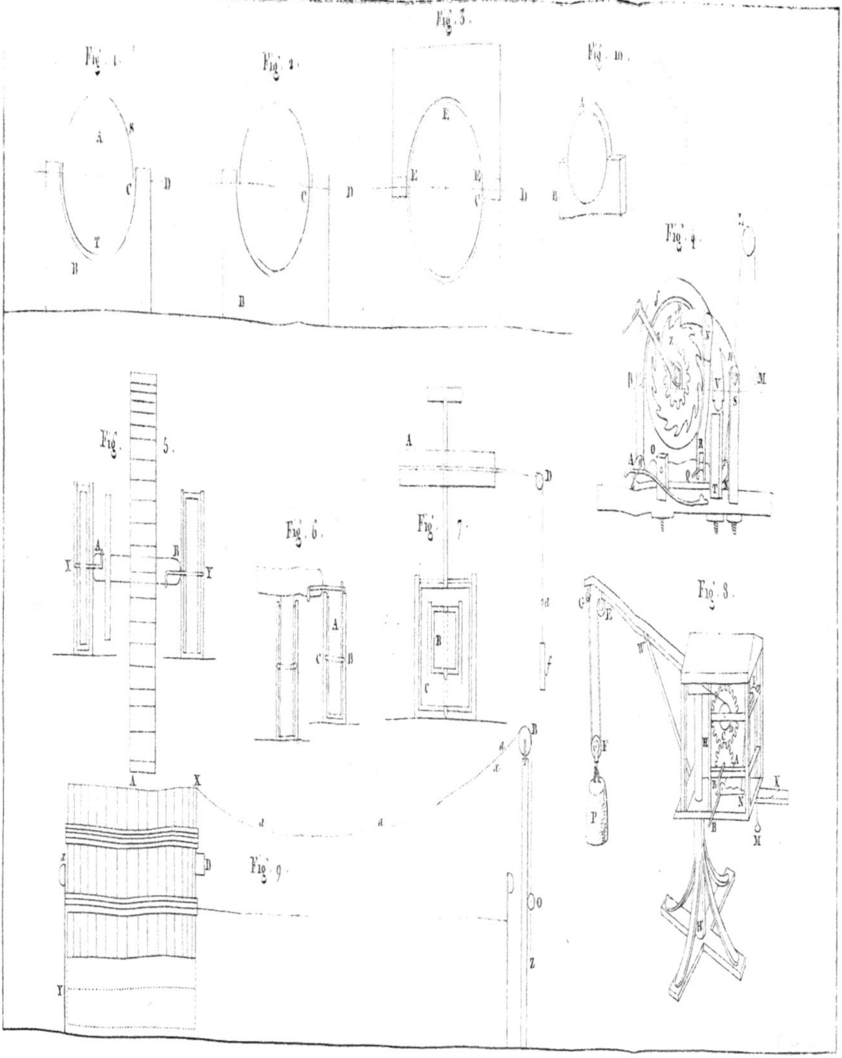

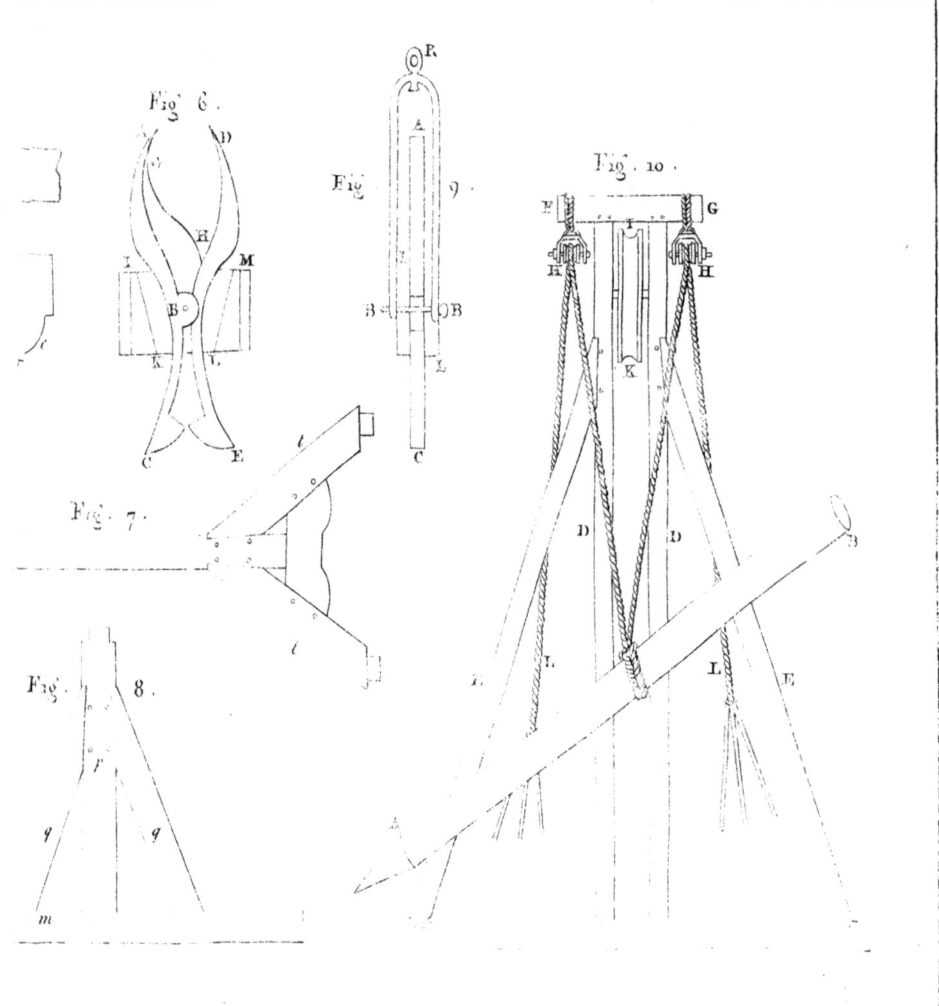

Fig. 6.
Fig. 9.
Fig. 10.
Fig. 7.
Fig. 8.

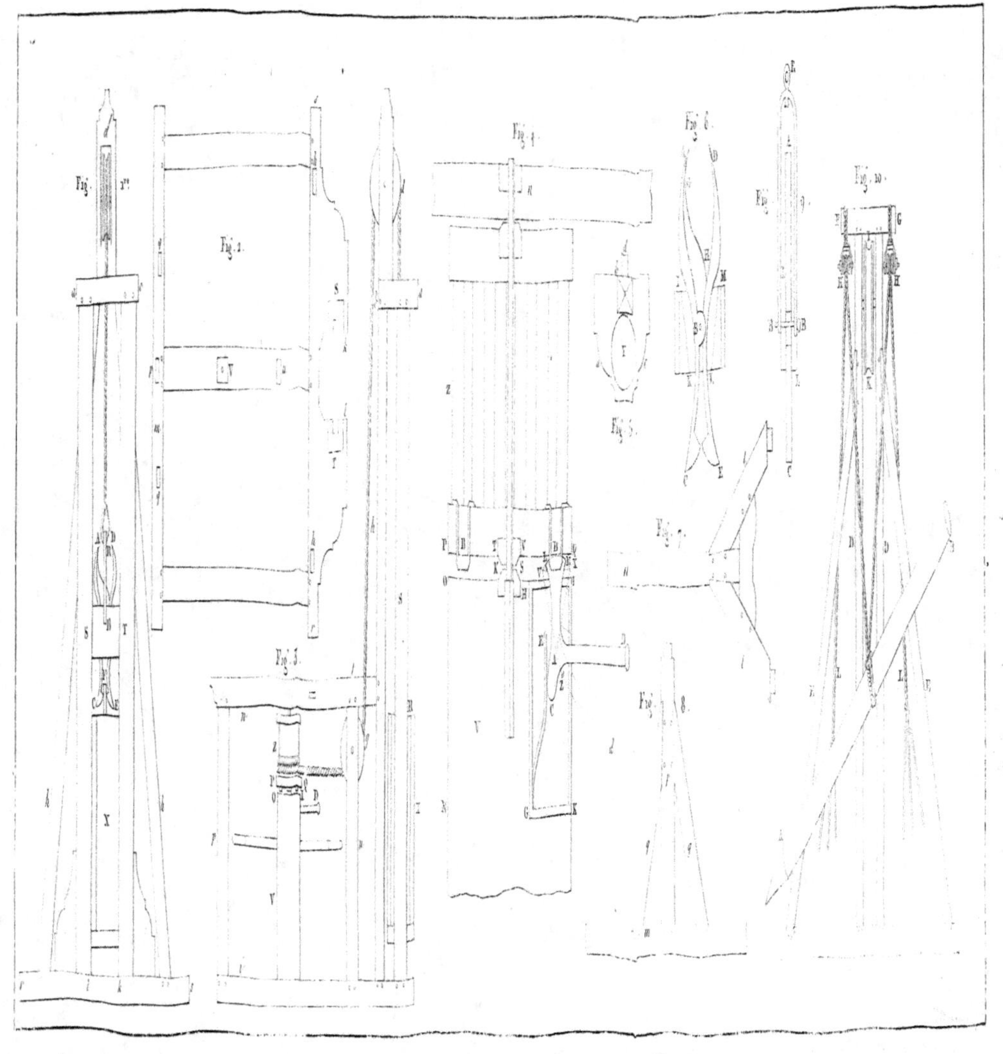

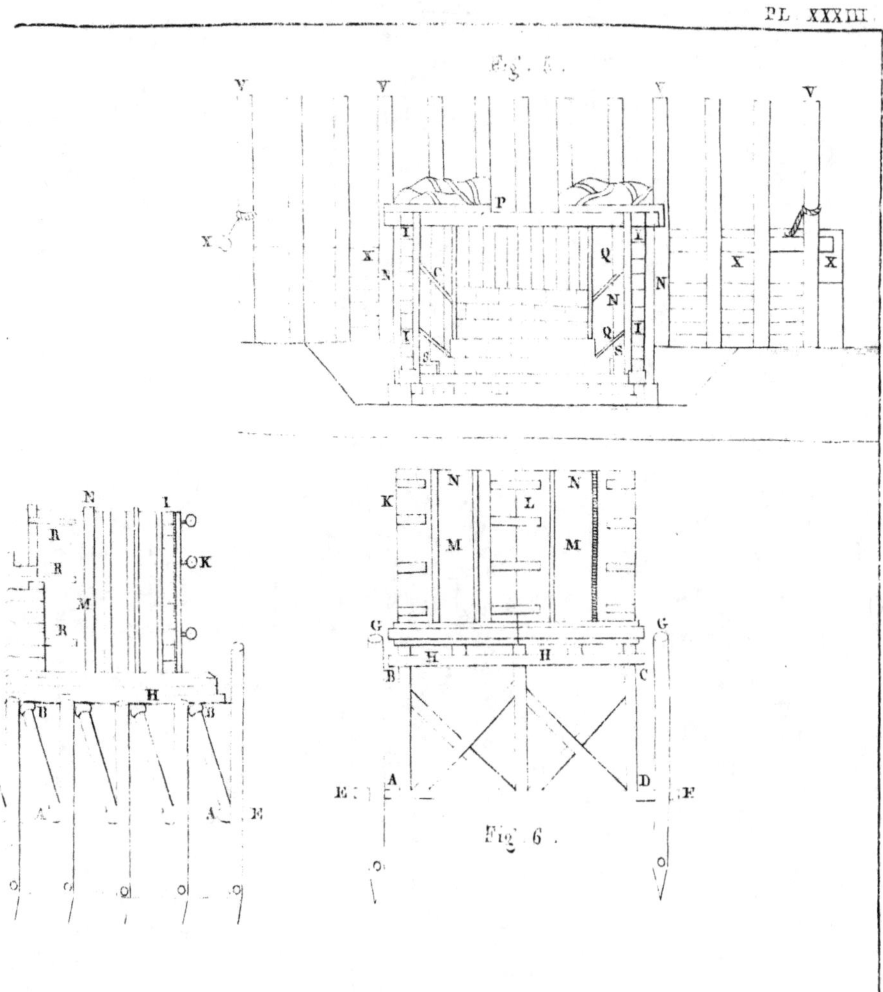
Fig. 5.
Fig. 6.

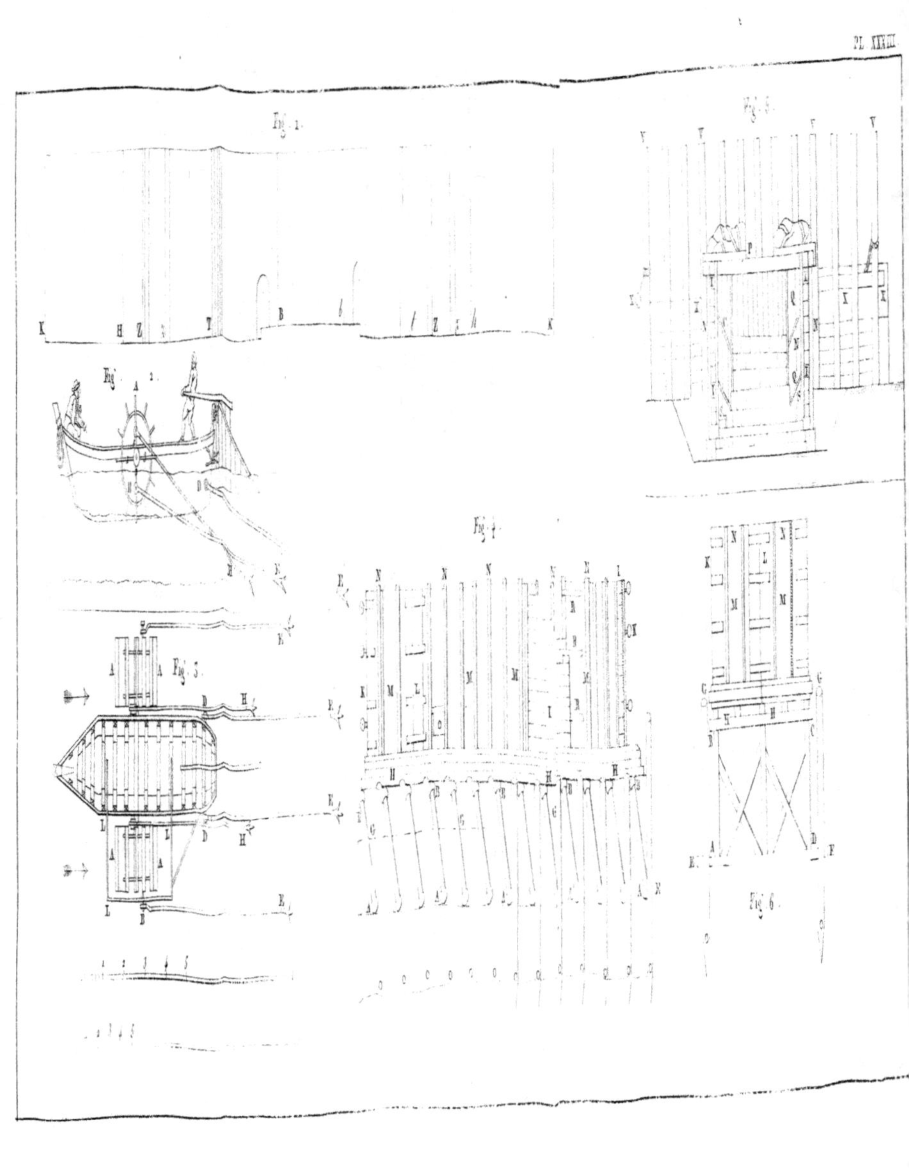
Fig. 1.
Fig. 2.
Fig. 3.
Fig. 4.
Fig. 5.
Fig. 6.

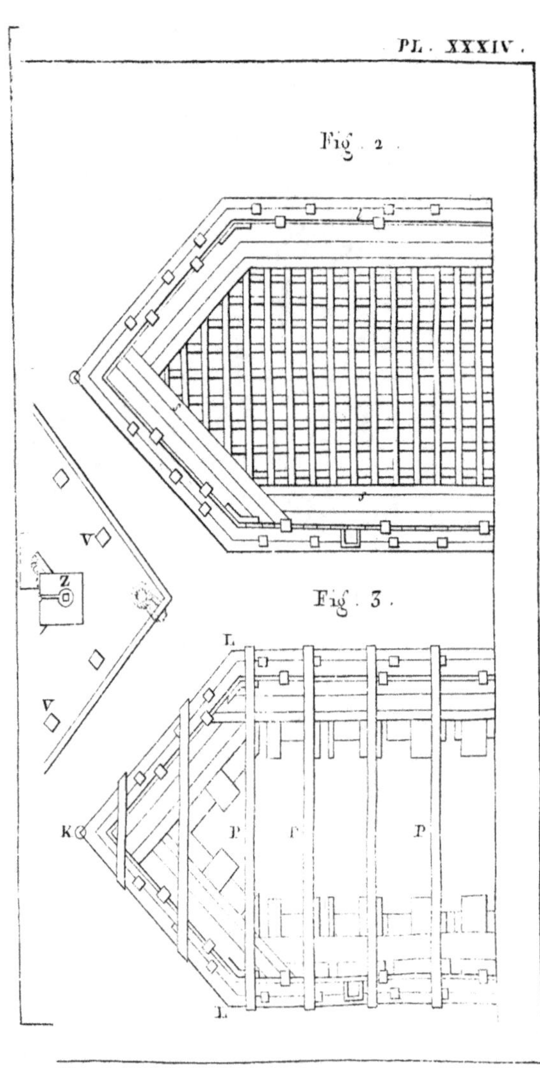
Fig. 2.
Fig. 3.
V
V
Z
K
L
L
P
P
P

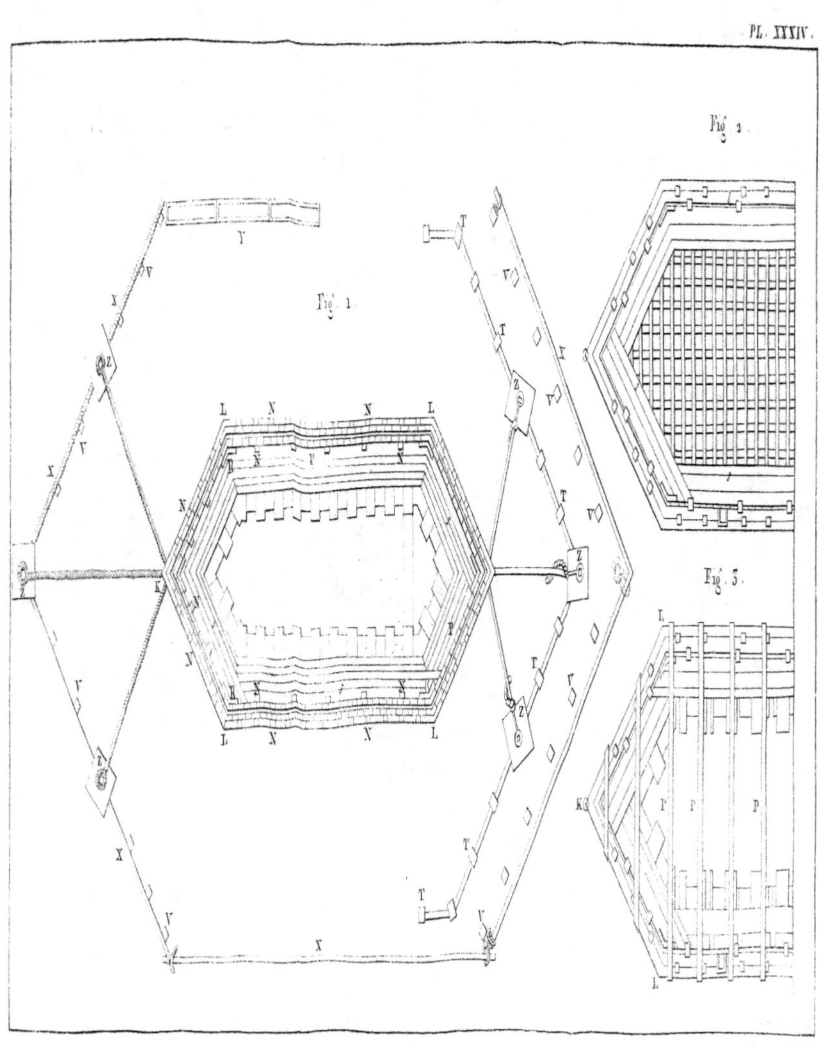
Fig. 1.
Fig. 2.
Fig. 3.

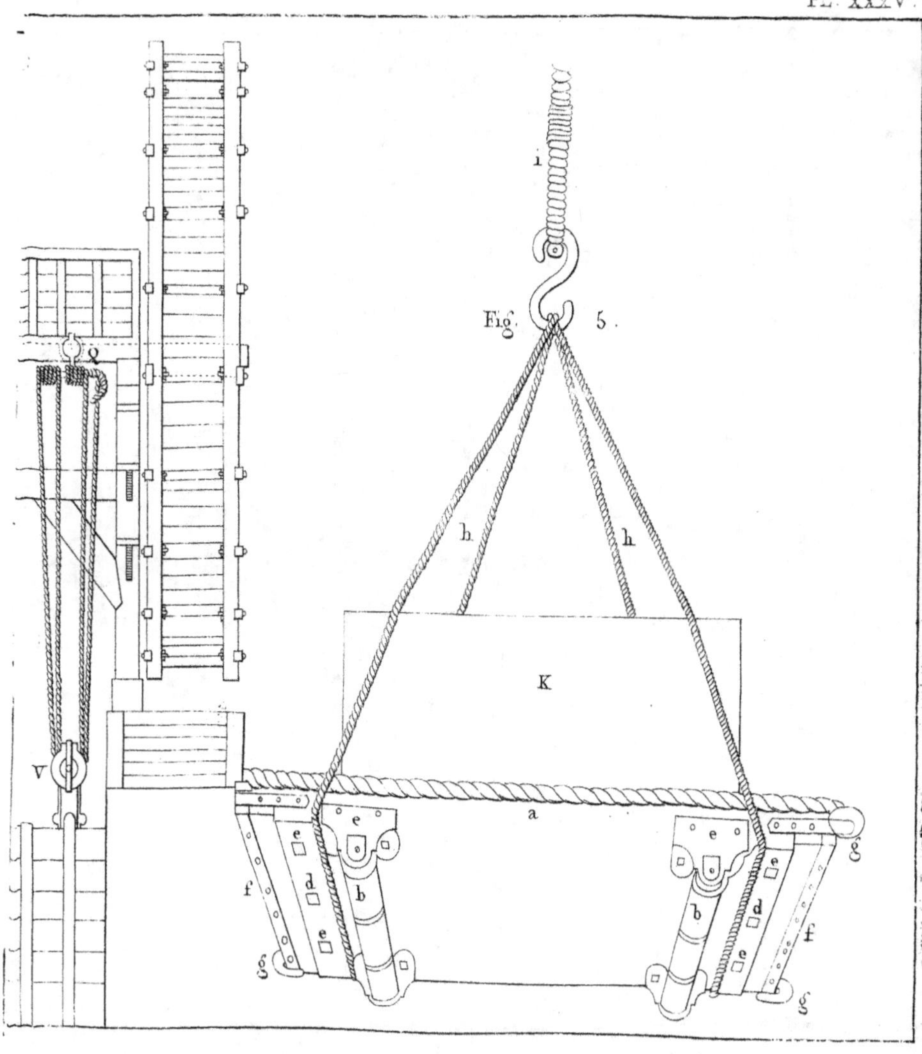
Fig. 5.
i
h
h
K
a
e
e
e
e
d
b
b
d
f
f
g
g
g
g
V
Q

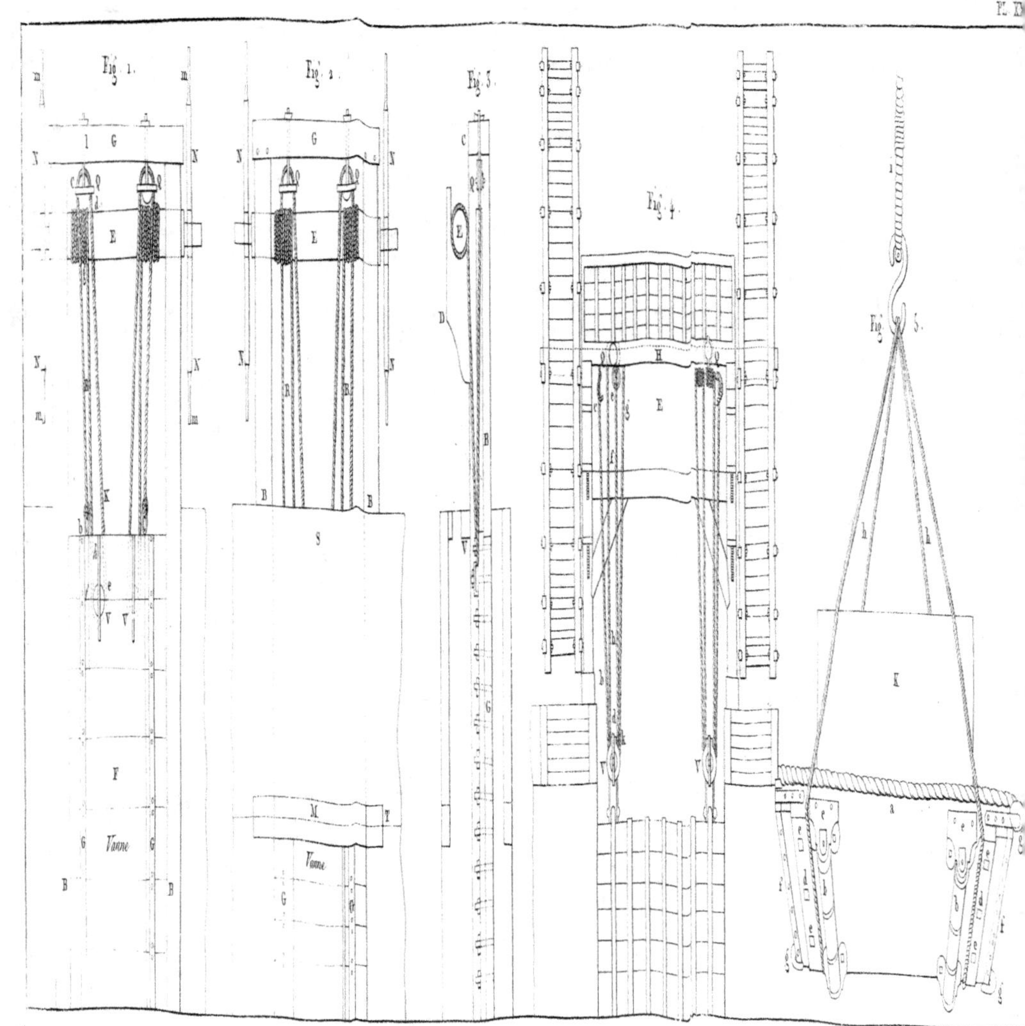
Fig. 1.
Fig. 2.
Fig. 3.
Fig. 4.
Fig. 5.
Vanne
Vanne

Fig. 2.

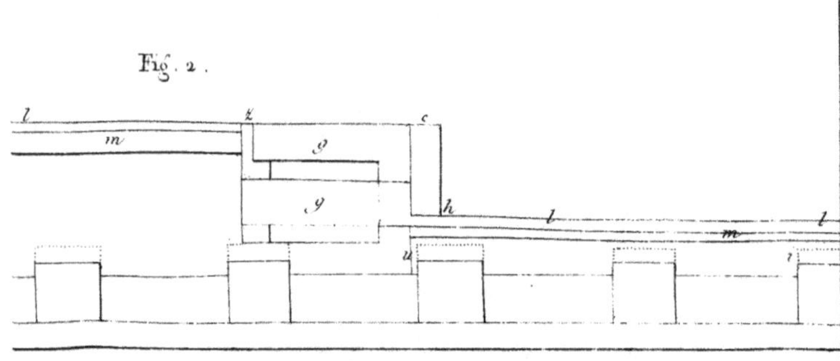

Fig. 3.

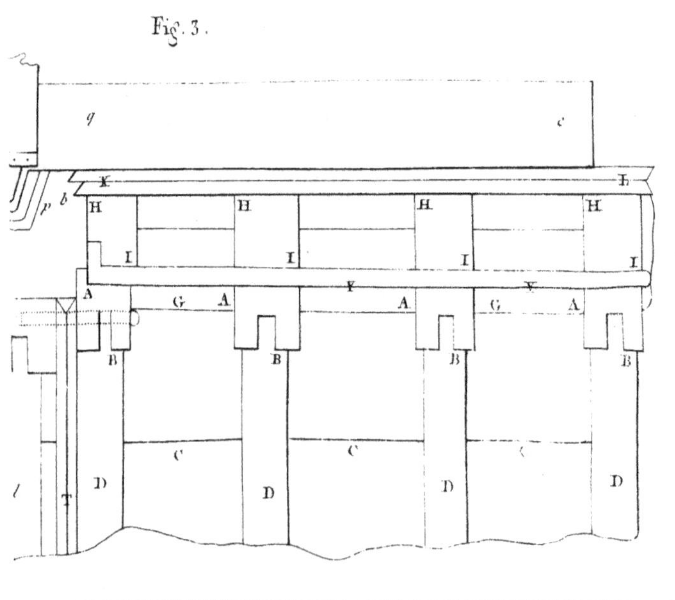

Fig. 1.
Fig. 2.
Fig. 3.

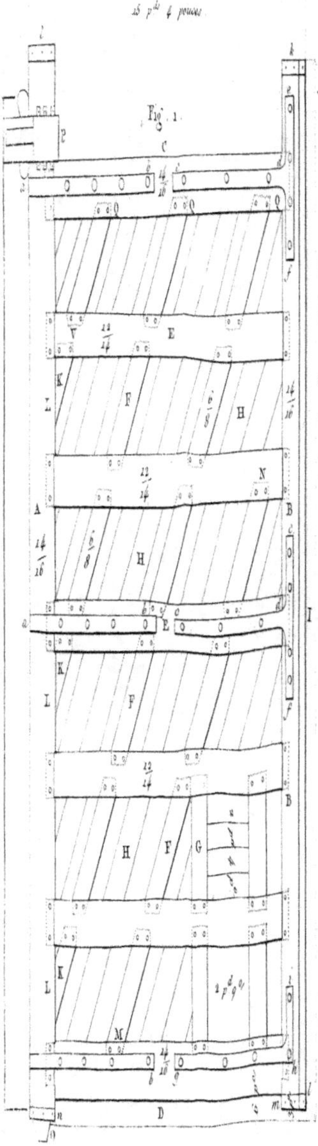

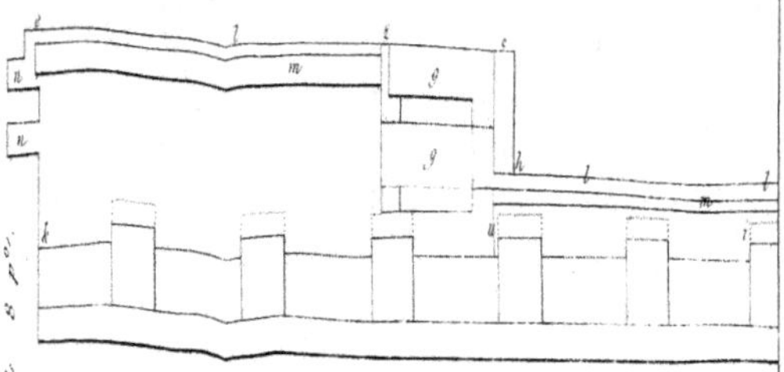

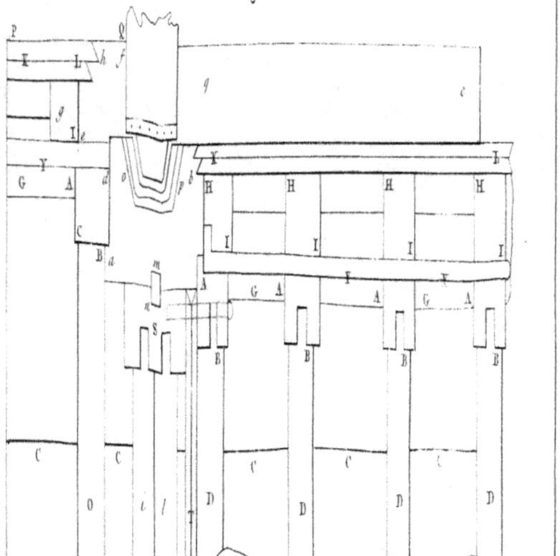

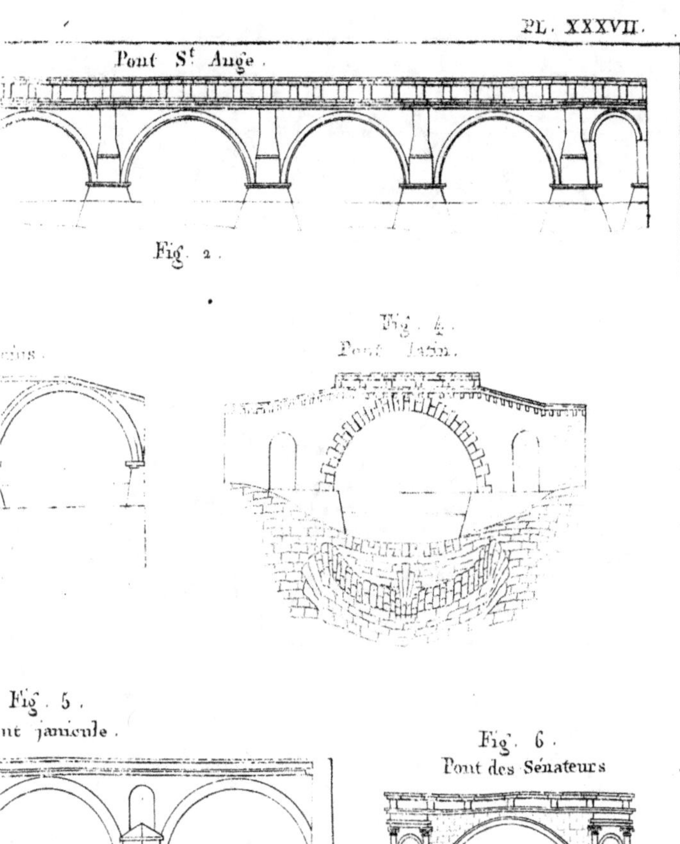

Pont St Ange.
Fig. 2.
Fig. 4.
Pont Latin.
Fig. 5.
nt janicule.
Fig. 6.
Pont des Sénateurs

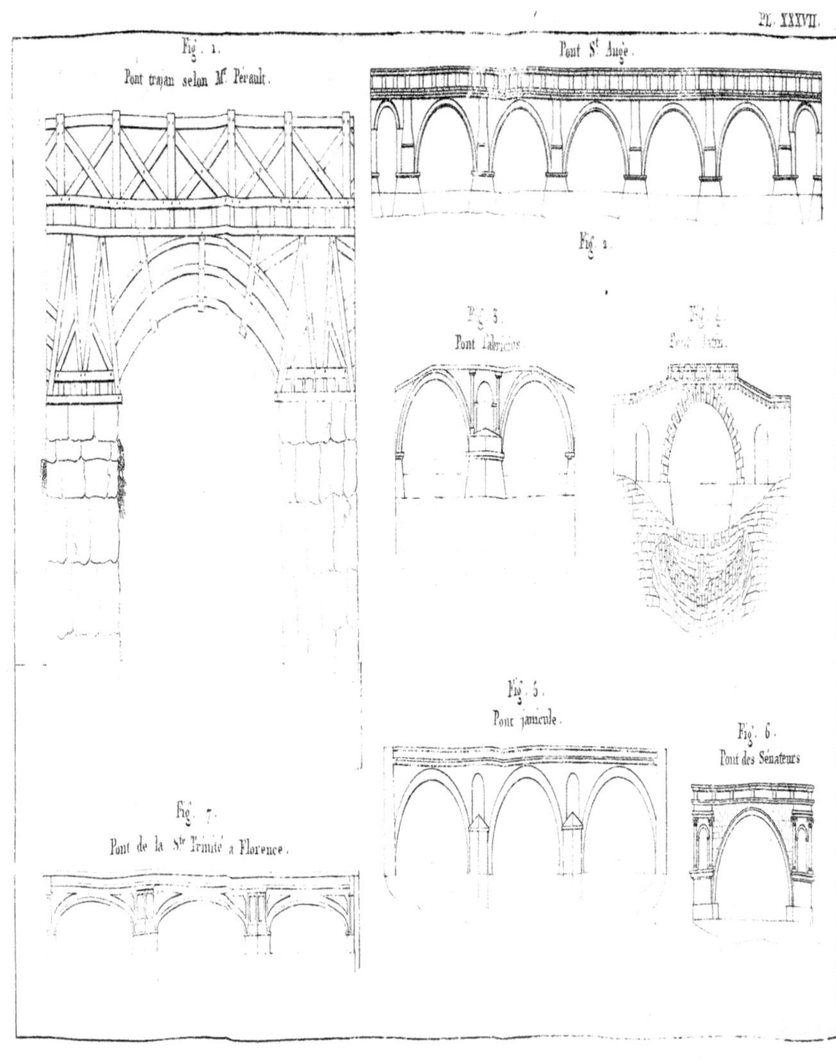

Fig. 1.
Pont trajan selon Mr. Perault.
Pont St Ange.
Fig. 2.
Fig. 3.
Pont Fabricius.
Fig. 4.
Pont Janm.
Fig. 5.
Pont janicule.
Fig. 6.
Pont des Sénateurs.
Fig. 7.
Pont de la Ste Trinité à Florence.

d'Ardres au fort Brulé
intérieure du Pont
Chenu
de St Omer à Calais

Representation d'un Pont à quatre Branches construit sur la croisée des Canaux de Navigation d'Ardres et de Calais.   PL. XXXVIII.

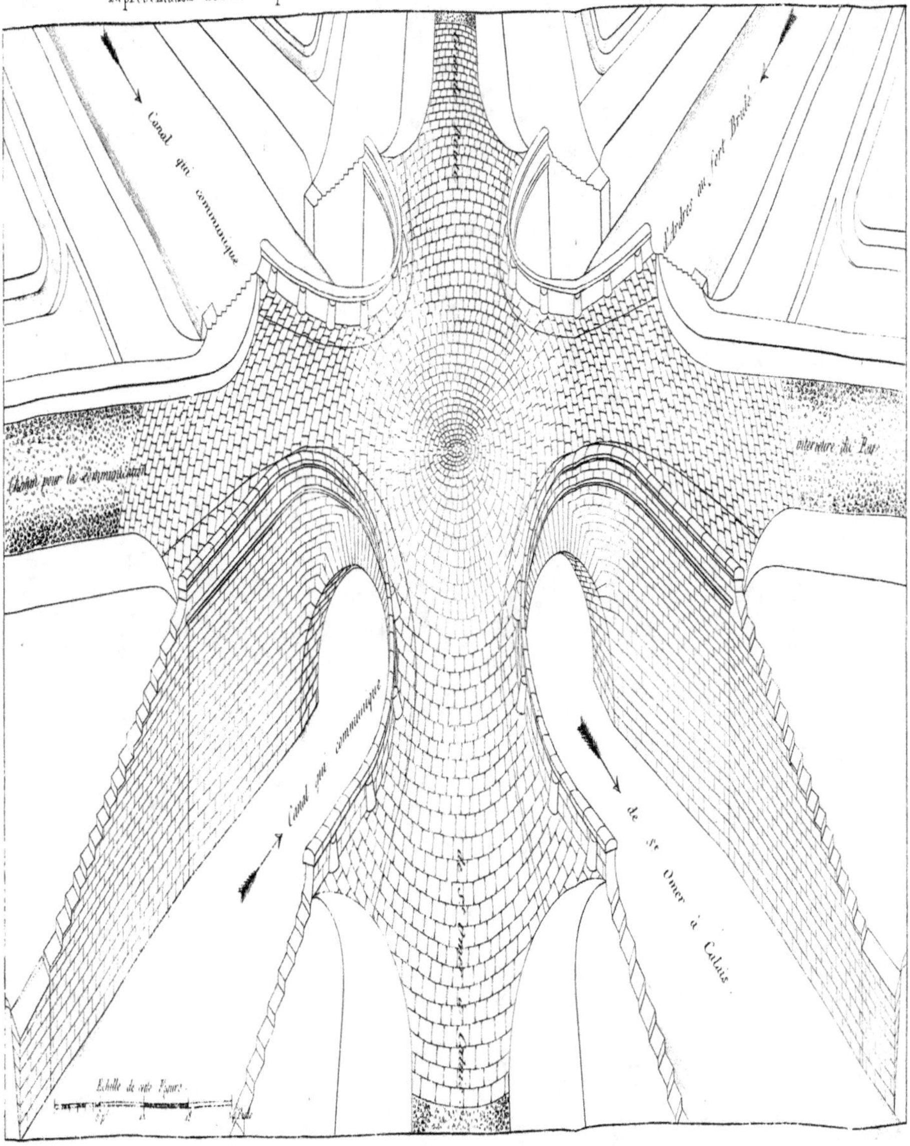

Canal qui communique

d'Ardres au fort Brûlé

Chemin pour la communication

interieure du Port

Canal qui communique

de St Omer à Calais

Echelle de cette Figure.

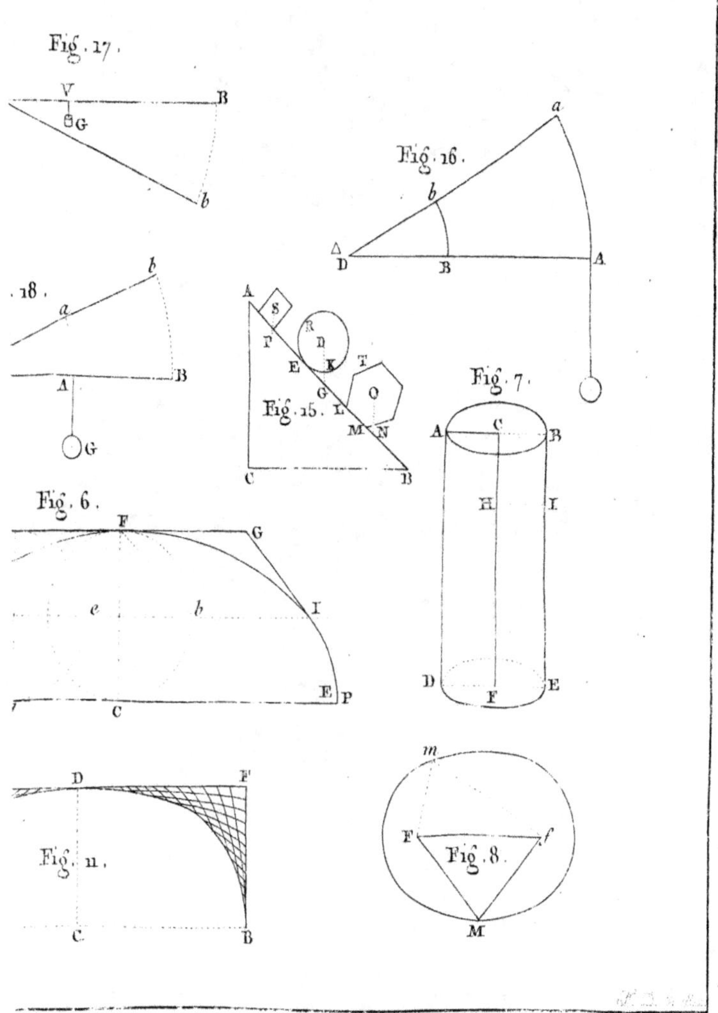
Fig. 17.
Fig. 16.
18.
Fig. 15.
Fig. 7.
Fig. 6.
Fig. 11.
Fig. 8.

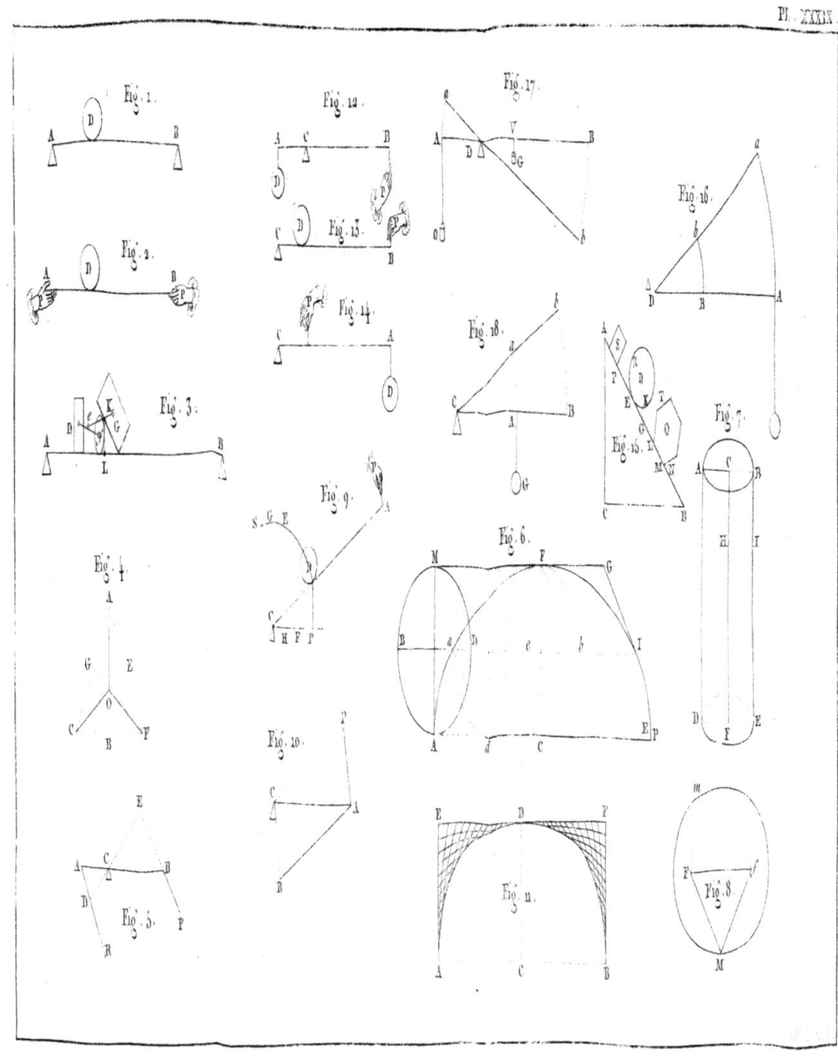

Fig. 1.
Fig. 2.
Fig. 3.
Fig. 4.
Fig. 5.
Fig. 6.
Fig. 7.
Fig. 8.
Fig. 9.
Fig. 10.
Fig. 11.
Fig. 12.
Fig. 13.
Fig. 14.
Fig. 15.
Fig. 16.
Fig. 17.
Fig. 18.

us l'eau, lors de la construction du pont de Westminster en 1740.
e pieux d'enceintes des piles.

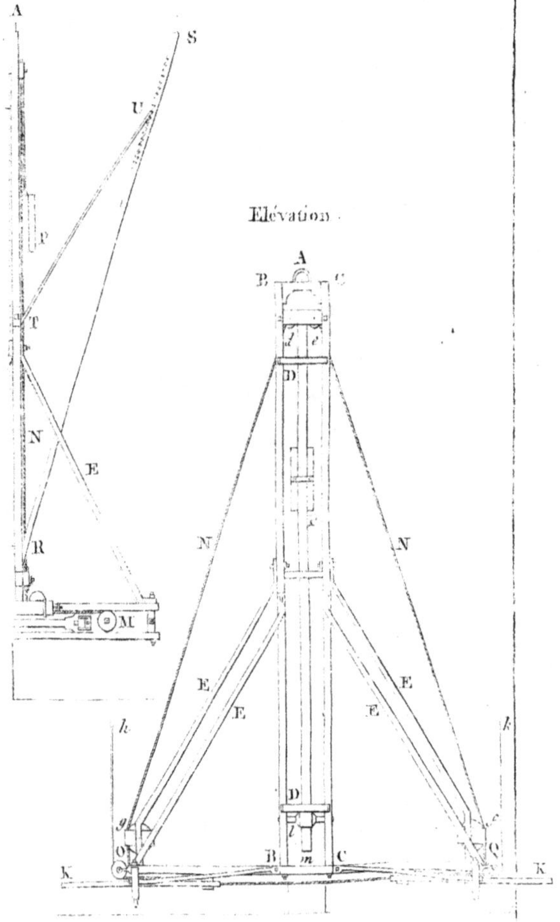

PL. XL.

Plan.
Profil, sur l'axe, X.Y.
Élévation.
Fig. 2.
Fig. 3.
Fig. 4.

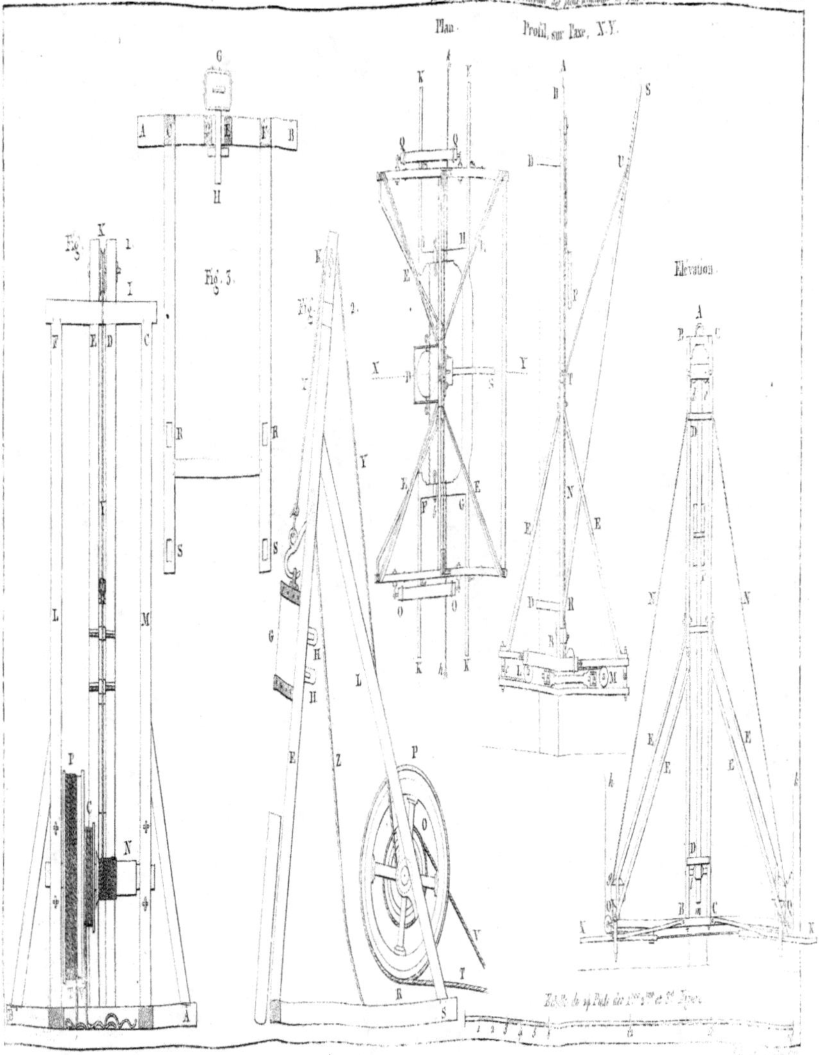

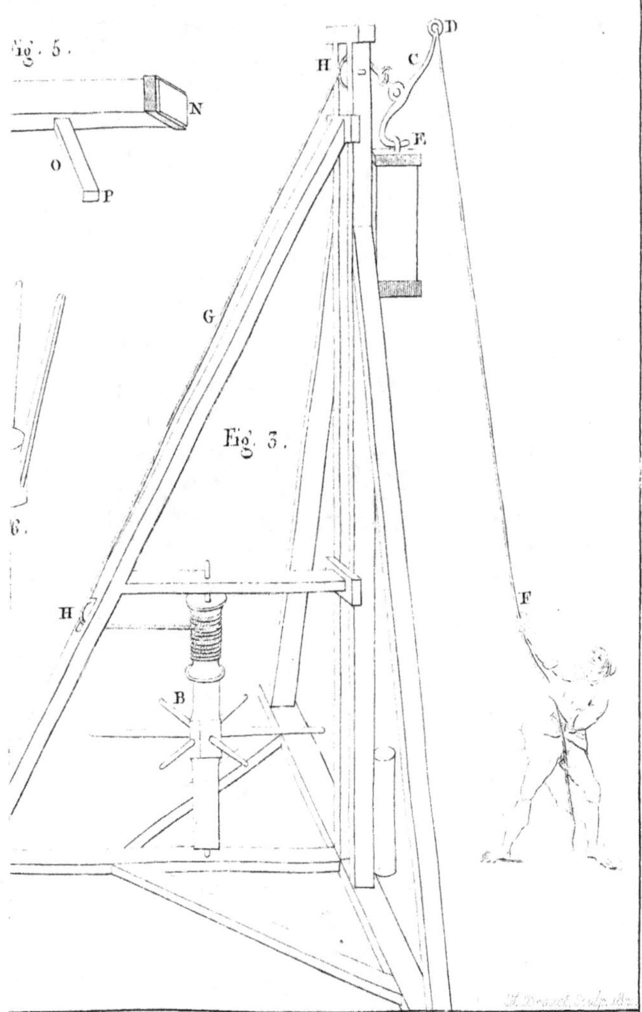
Fig. 5.
N
O
P
Fig. 3.
G
H
D
C
H
E
F
B
H

PL. XLI.

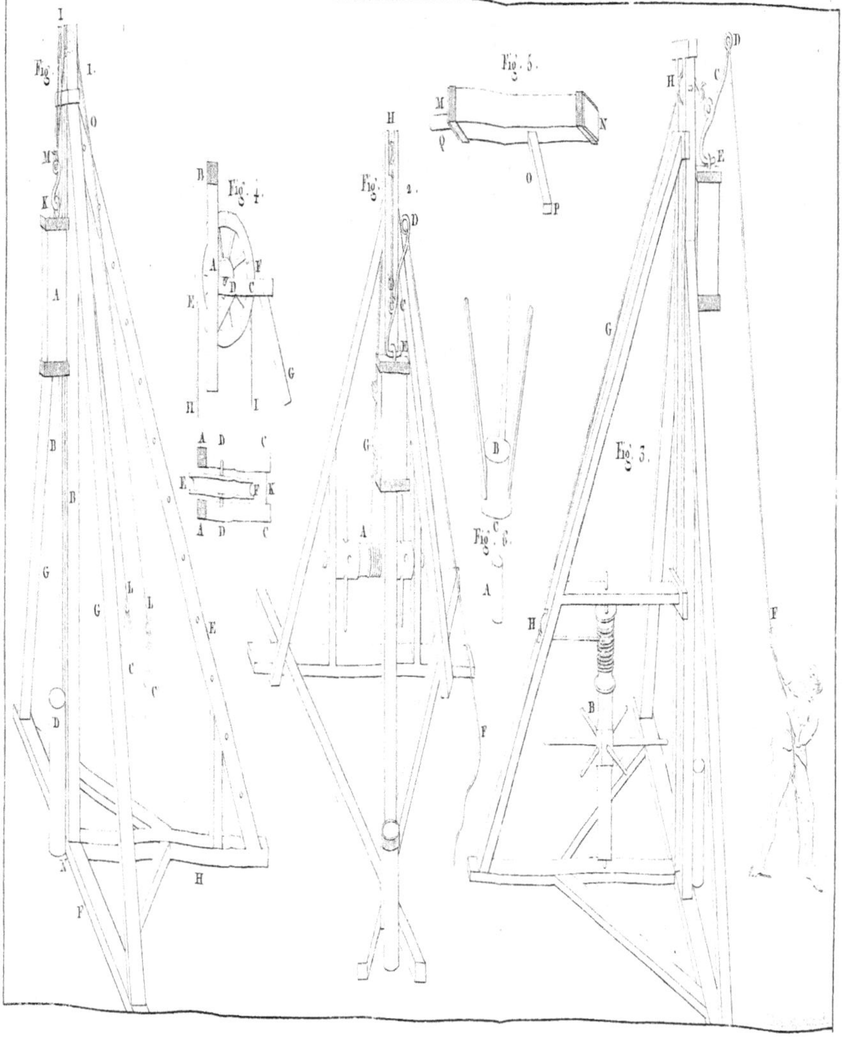

GRUE qui a servie aux Ponts d'Orléans, et de Neuilly.

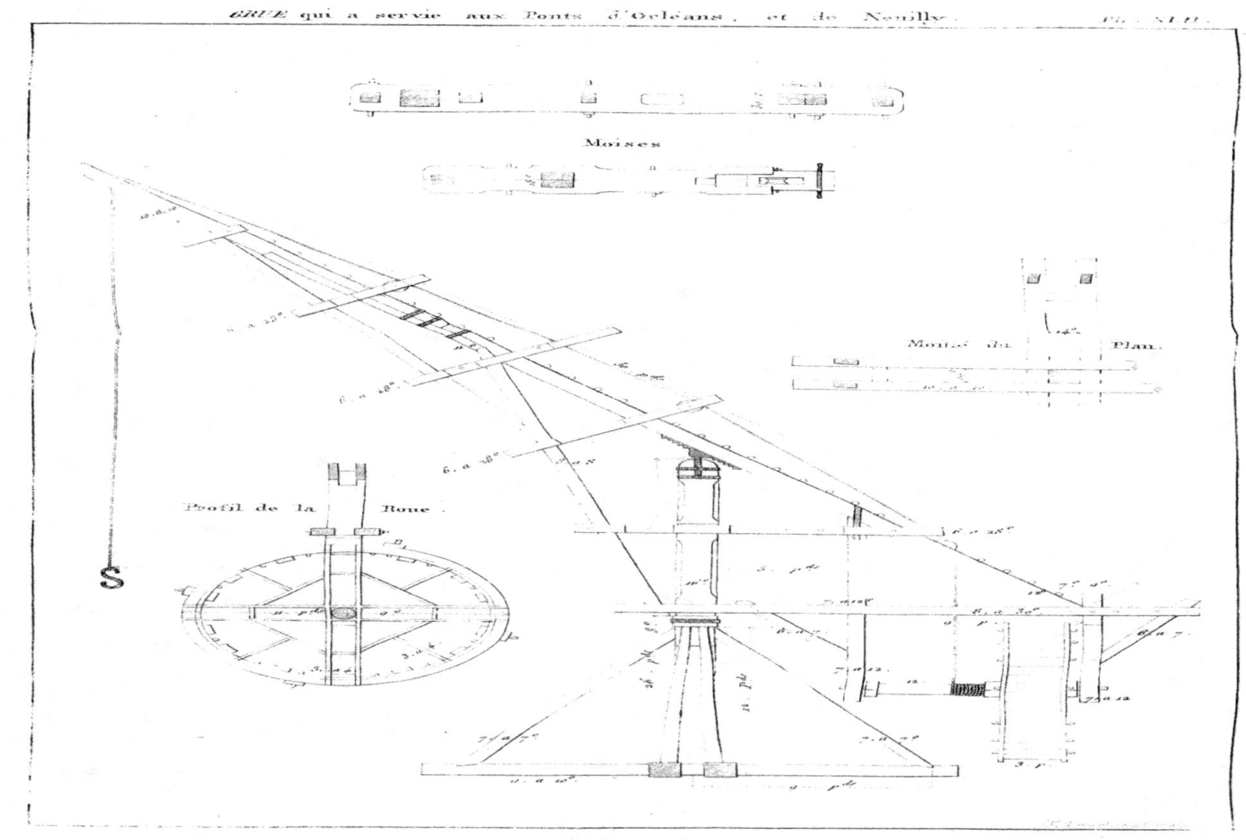

GRUE qui a servie aux Ponts d'Orléans, et de Neuilly.

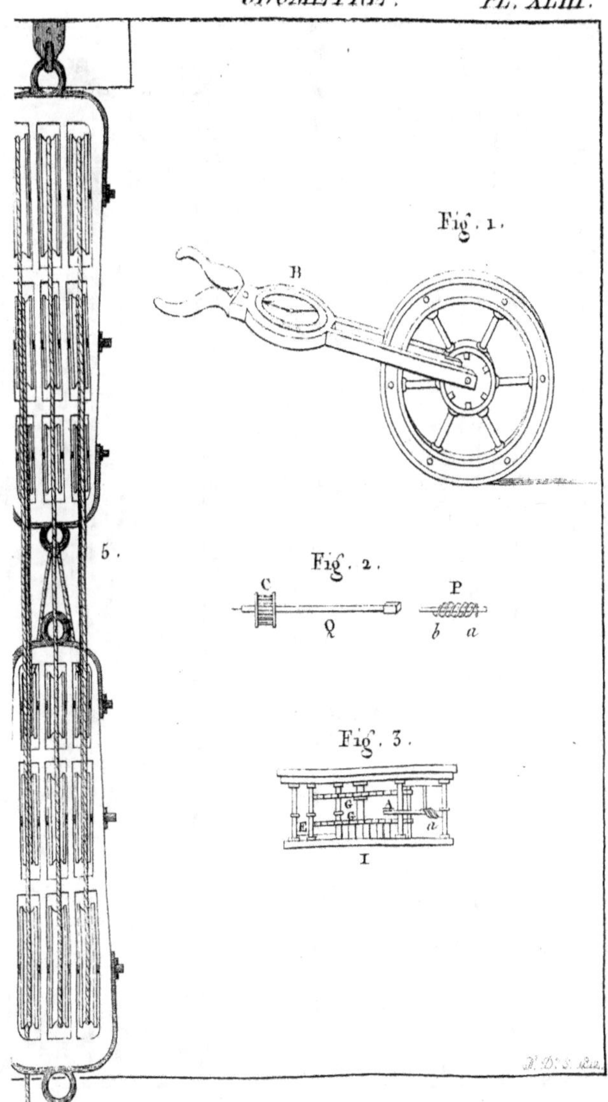
Fig. 1.
B
Fig. 2.
C
Q
P
b a
Fig. 3.
G
G
A
E
a
I
5.

E F G
D
H
R S
C
Q
B
P
A
Fig. 1.
Fig. 2.
Fig. 3.
Fig. 4.
Fig. 5.
Fig. 1. 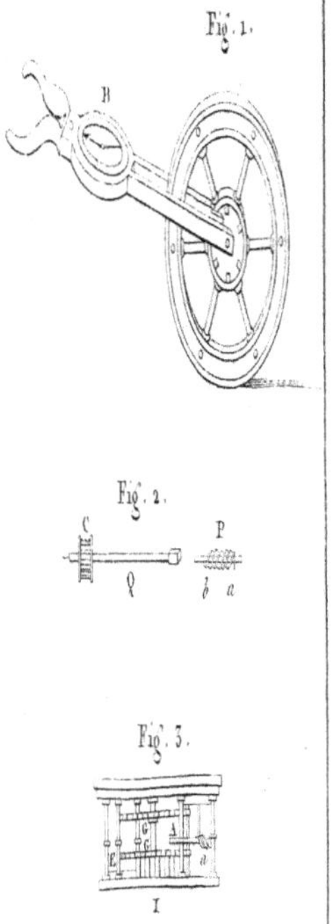
B
Fig. 2.
C P
Q b a
Fig. 3.
C A
E a
I

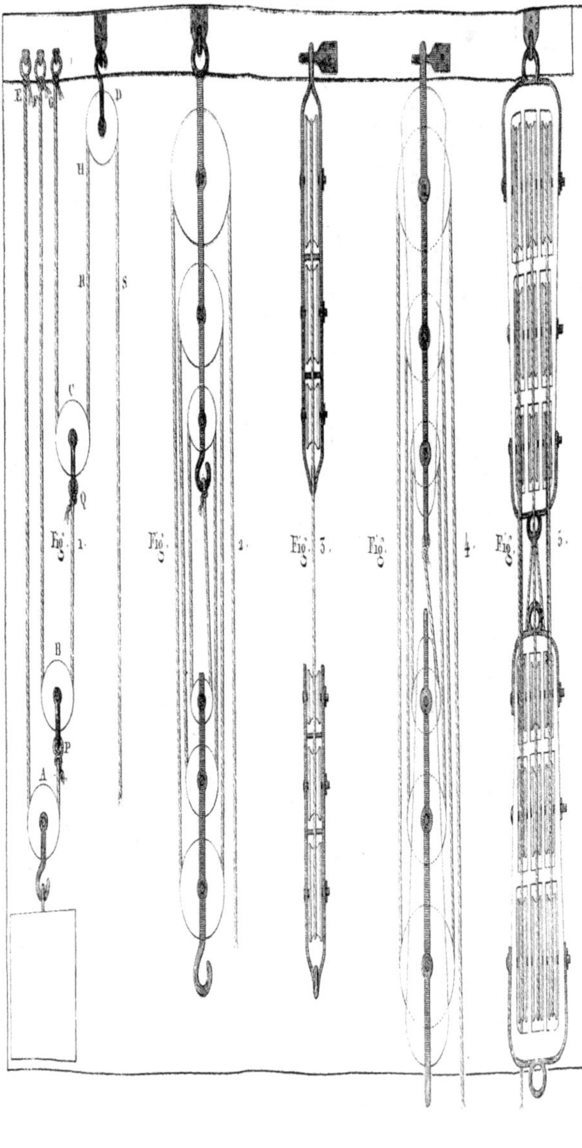

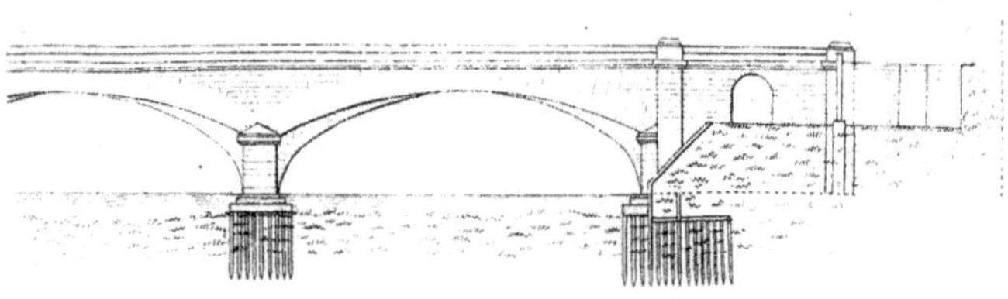

Emilius a Rome sur le Tibre.

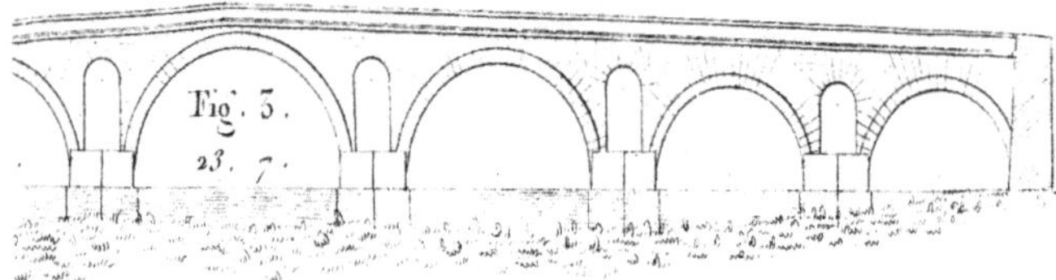

Pont de Bachiglione, près Vicence, en Italie.

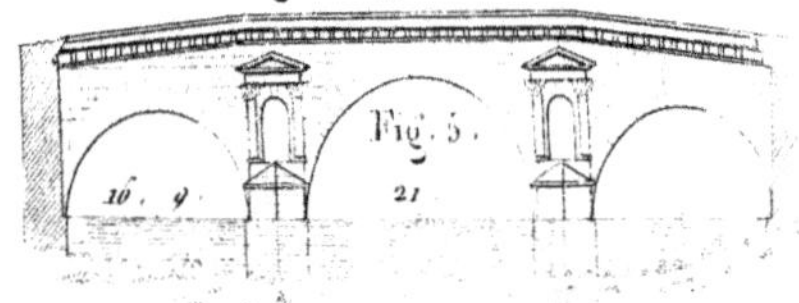

Moitié du Pont de Wesminster, a Londre.

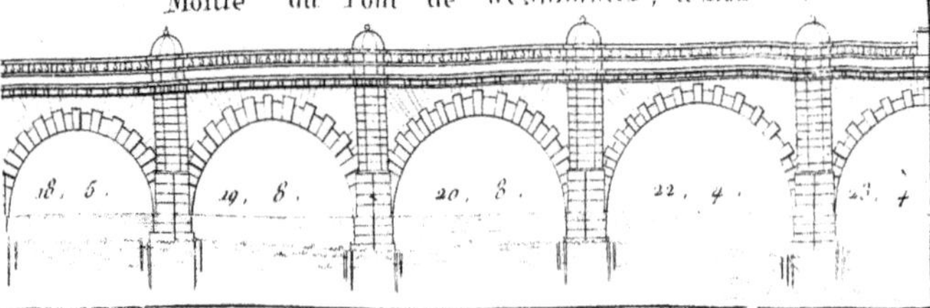

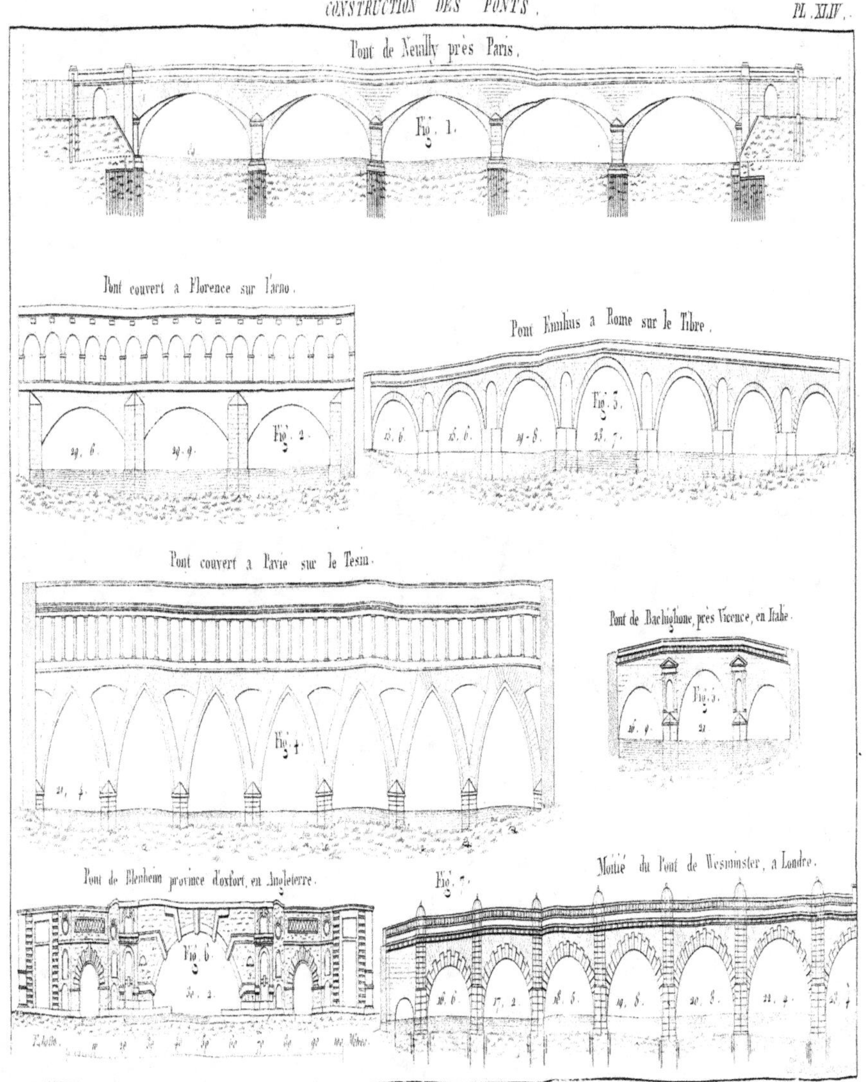

Pont de Neuilly près Paris.
Fig. 1.
Pont couvert a Florence sur l'Arno.
Fig. 2.
Pont Emilius a Rome sur le Tibre.
Fig. 3.
Pont couvert a Pavie sur le Tesin.
Fig. 4.
Pont de Bachiglione, près Vicence, en Italie.
Fig. 5.
Pont de Blenheim province d'Oxfort, en Angleterre.
Fig. 6.
Fig. 7.
Moitié du Pont de Westminster, a Londres.

Pont de Lavaur, sur l'Agout.

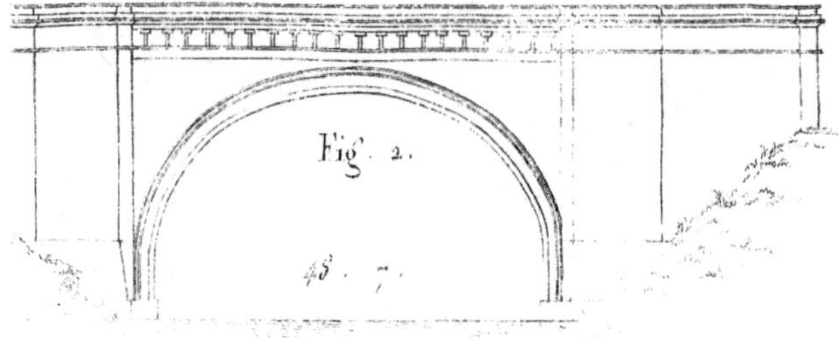

Chine.

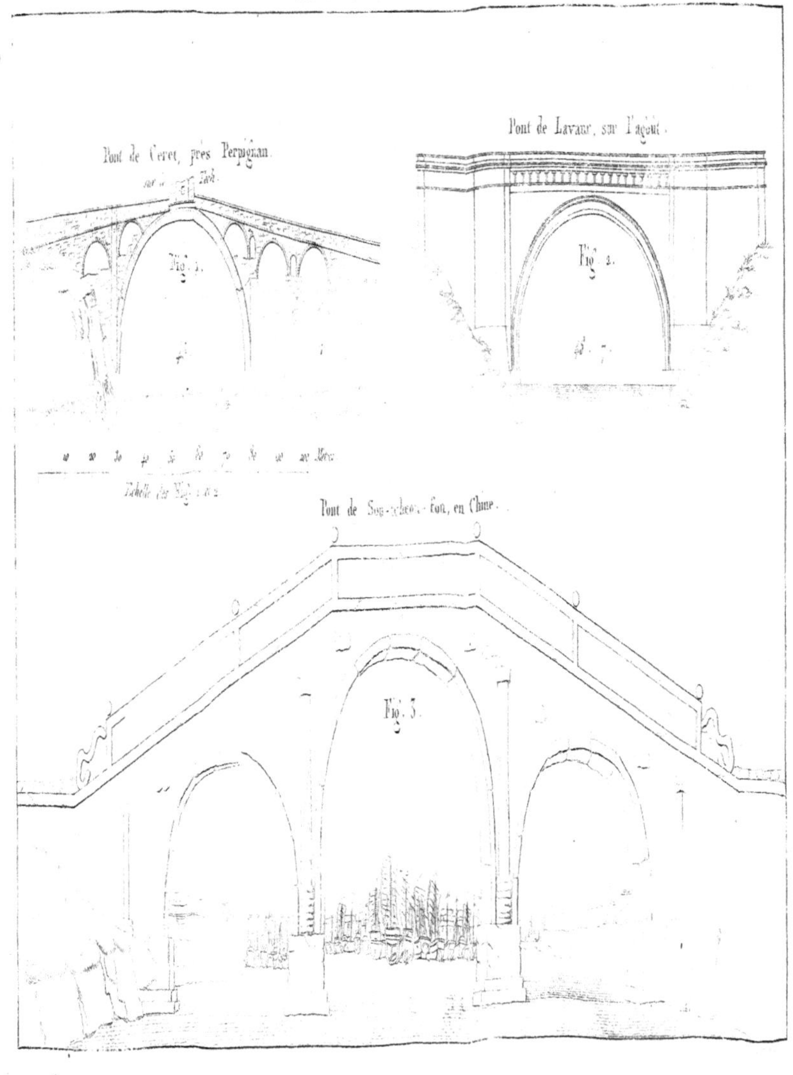
Pont de Ceret, près Perpignan.
Fig. 1.
Pont de Lavaur, sur l'Agout.
Fig. 2.
Échelle des Fig. 1 et 2.
Pont de Soug-tcheou-fou, en Chine.
Fig. 3.

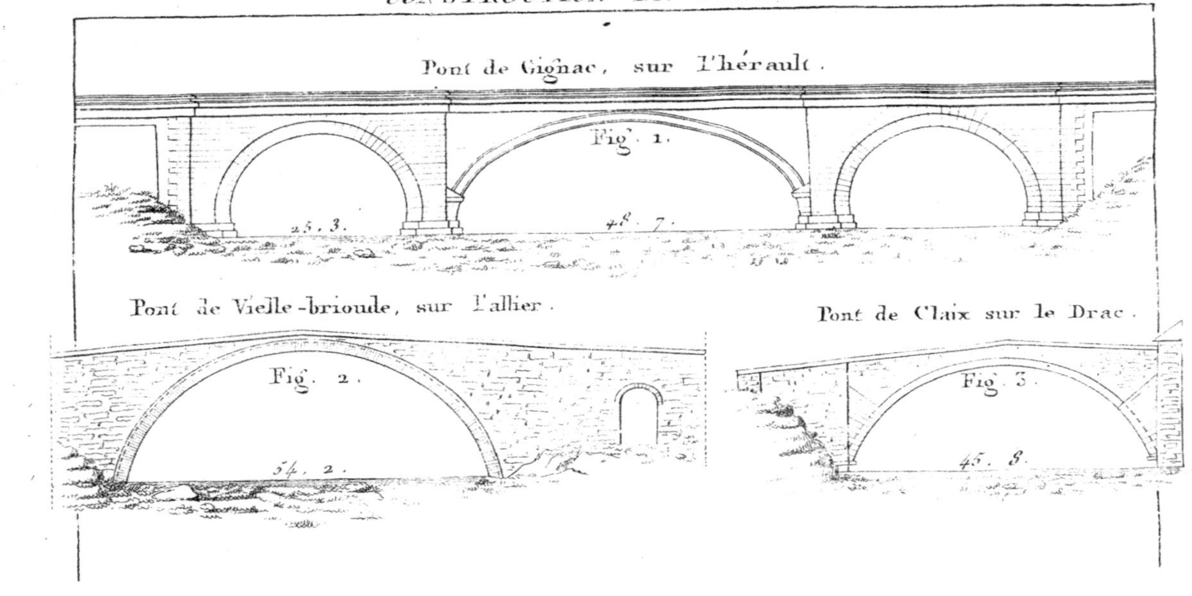

Pont de Gignac, sur l'Hérault.
Fig. 1.
25. 3.
48. 7.
Pont de Vieille-brioude, sur l'allier.
Fig. 2.
54. 2.
Pont de Claix sur le Drac.
Fig. 3.
45. 8.

Pont de Gignac, sur l'Hérault. 
Fig. 1.
Pont de Vielle-brioude, sur l'Allier. 
Fig. 2.
Pont de Claix sur le Drac. 
Fig. 3.
Pont de Salamanque, en Espagne. 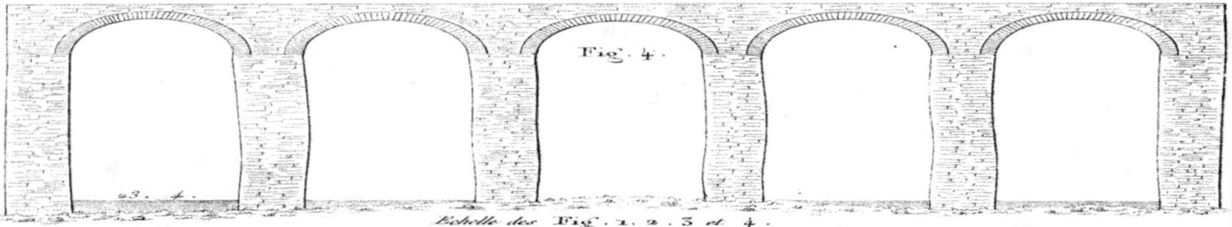
Fig. 4.
Échelle des Fig. 1, 2, 3 et 4.
10   20   30   40   50   60   70   80   90   100 Mètres.
Fig. 5.
Pont de Nan-hiong-fou, en Chine. 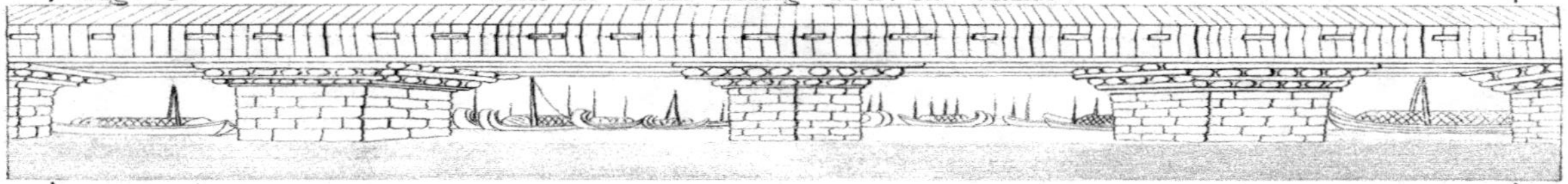
Pont de Fou-yang-hien, en Chine. 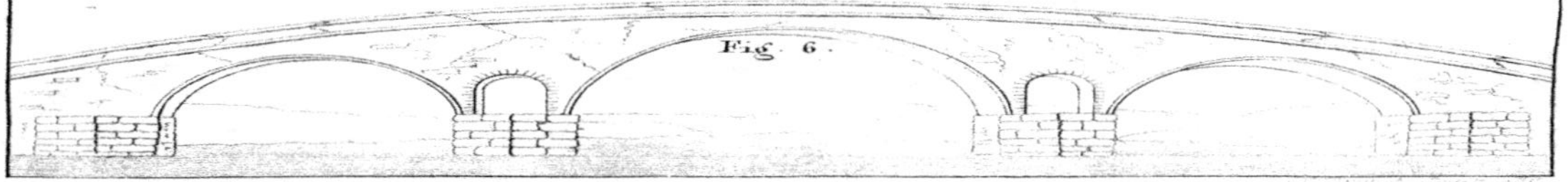
Fig. 6.

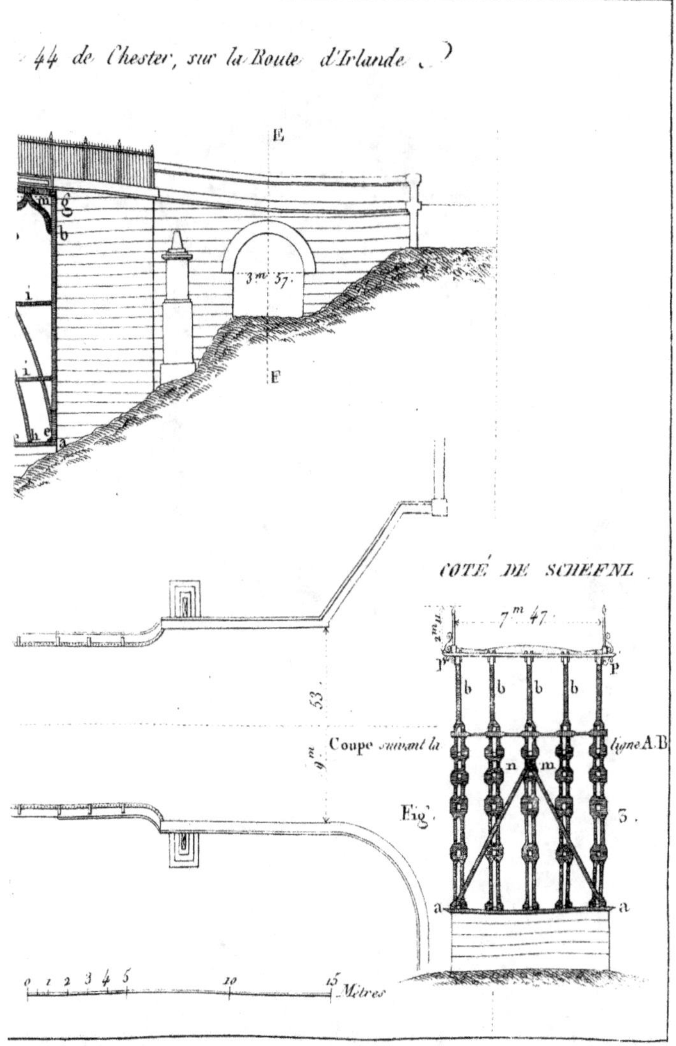
44 de Chester, sur la Route d'Irlande
E
E
g
b
i
i
e
a
3m 57
COTÉ DE SCHEFNL
7m 47
2m u
P
P
b b b b
n m
Coupe suivant la ligne A.B
9m 53
Fig. 3.
a a
0 1 2 3 4 5 10 15 Mètres

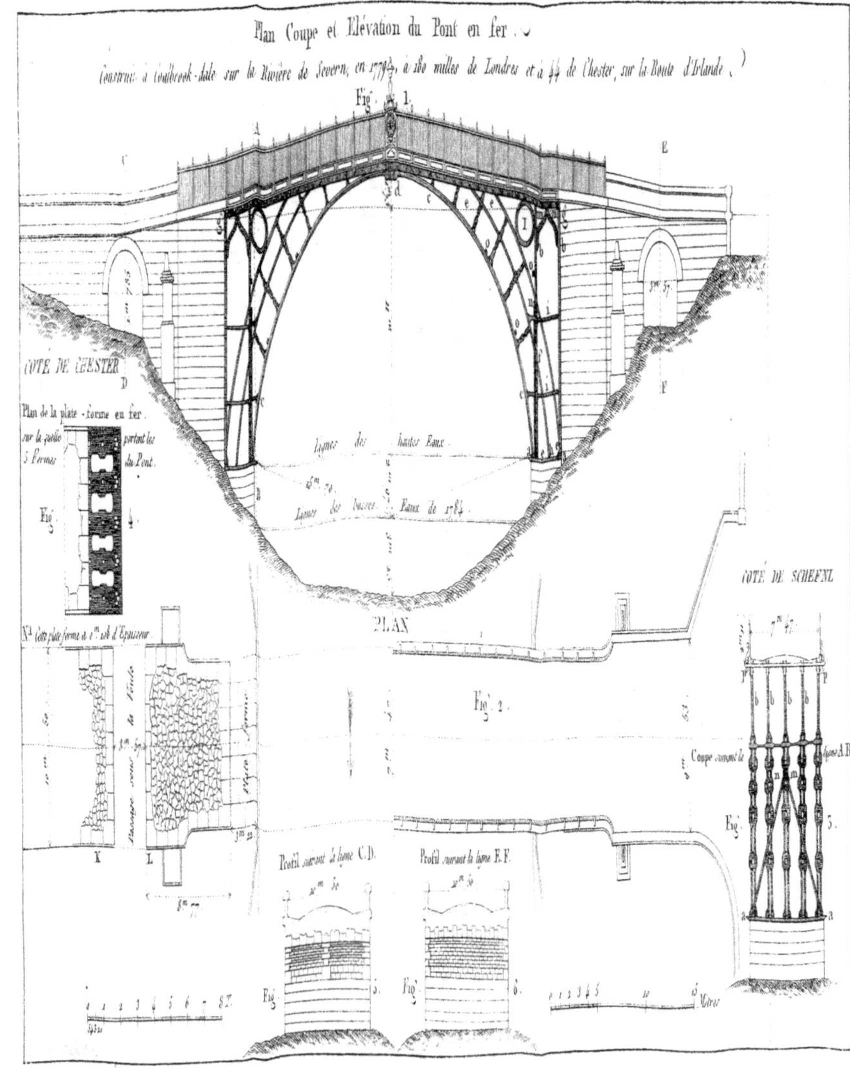
Plan Coupe et Elévation du Pont en fer.
Construit à Coalbrook-dale sur la Rivière de Severn, en 1794, à 180 milles de Londres et à 44 de Chester, sur la Route d'Irlande.
Fig. 1.
A
E
C
D
F
COTE DE CHESTER
Plan de la plate-forme en fer
sur la quelle portent les
5 Fermes du Pont.
Fig. 4.
Nᵃ Cette plate forme a 2ᵐ.10 d'Epaisseur.
Lignes des hautes Eaux.
Lignes des basses Eaux de 1784.
PLAN
Fig. 2.
K
L
COTE DE SCHEFNL
Coupe suivant la ligne A.B.
Fig. 3.
Profil suivant la ligne C.D.
Profil suivant la ligne E.F.
Fig. 5.
Fig. 6.
Mètres

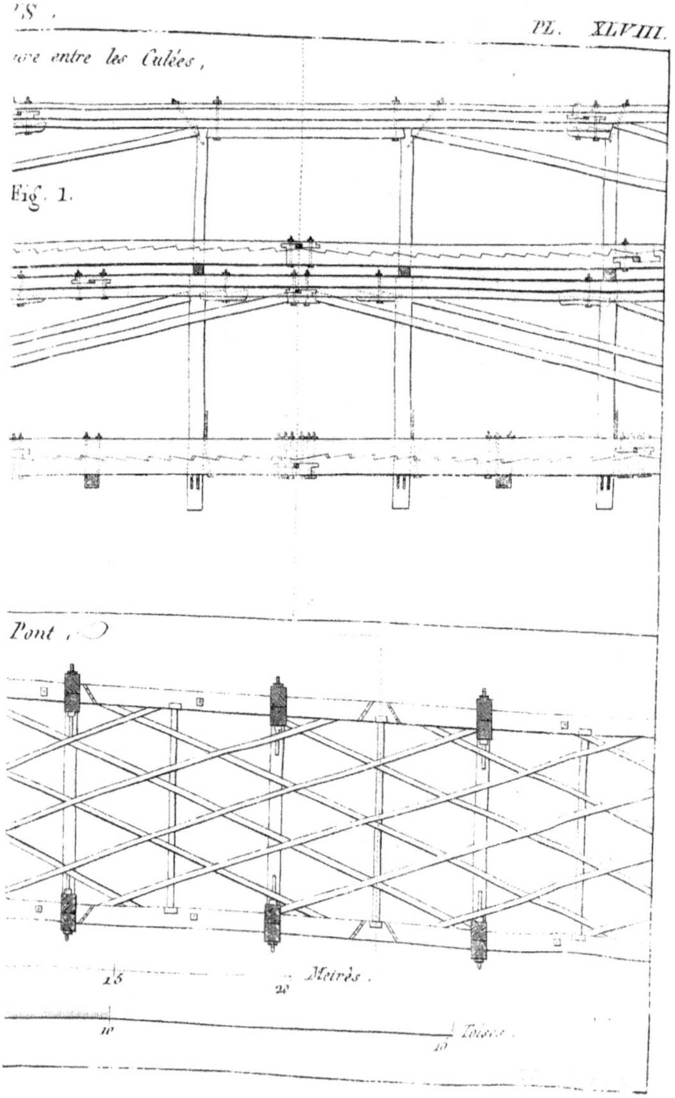

we entre les Culées,
Fig. 1.
Pont .
15
20   Metres.
10
Toises.
10

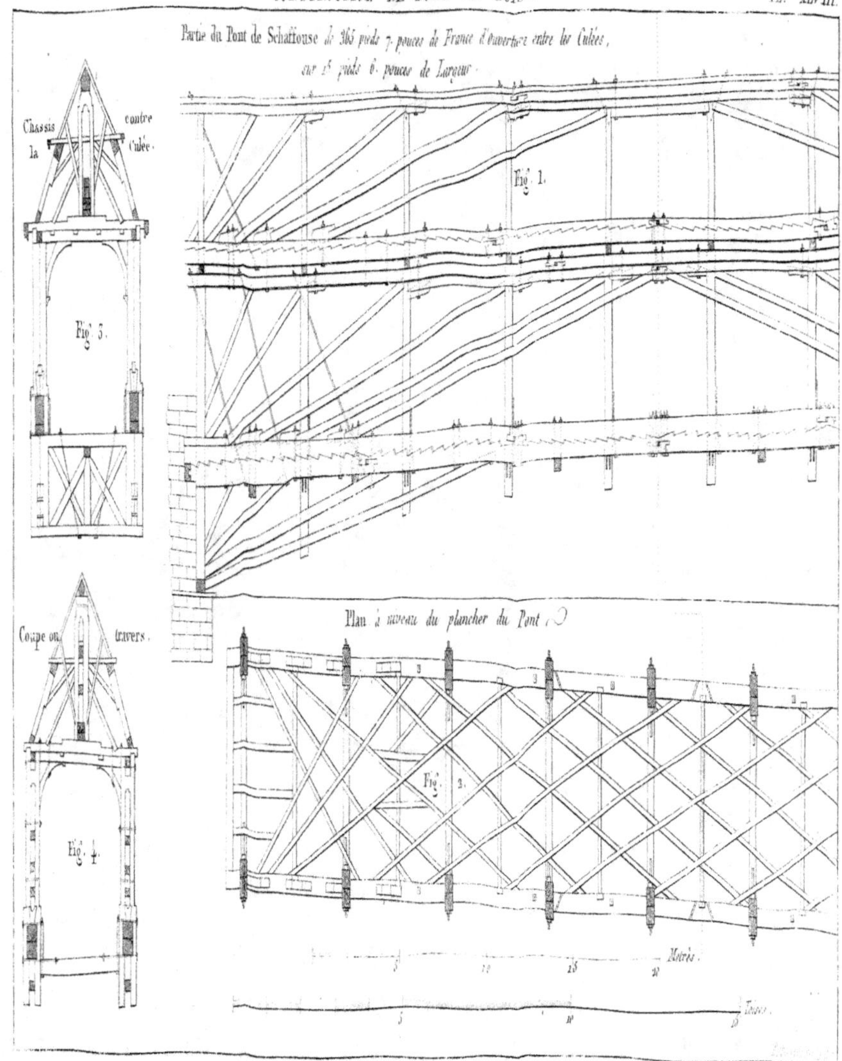
Partie du Pont de Schaffouse de 363 pieds 7 pouces de France d'ouverture entre les Culées,
sur 18 pieds 6 pouces de Largeur.
Chassis contre la Culée.
Fig. 3.
Fig. 1.
Coupe en travers.
Fig. 4.
Plan à niveau du plancher du Pont.
Fig. 2.
Mètres.
Toises.

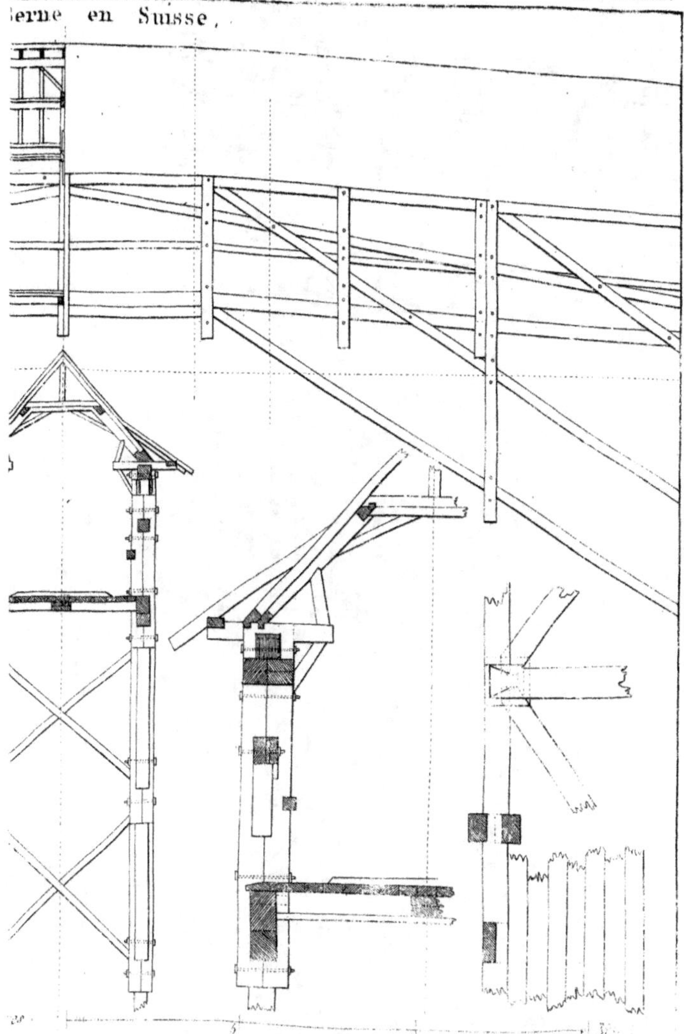
erne en Suisse.

Partie du Pont de Ruter dans les environs de Berne en Suisse.

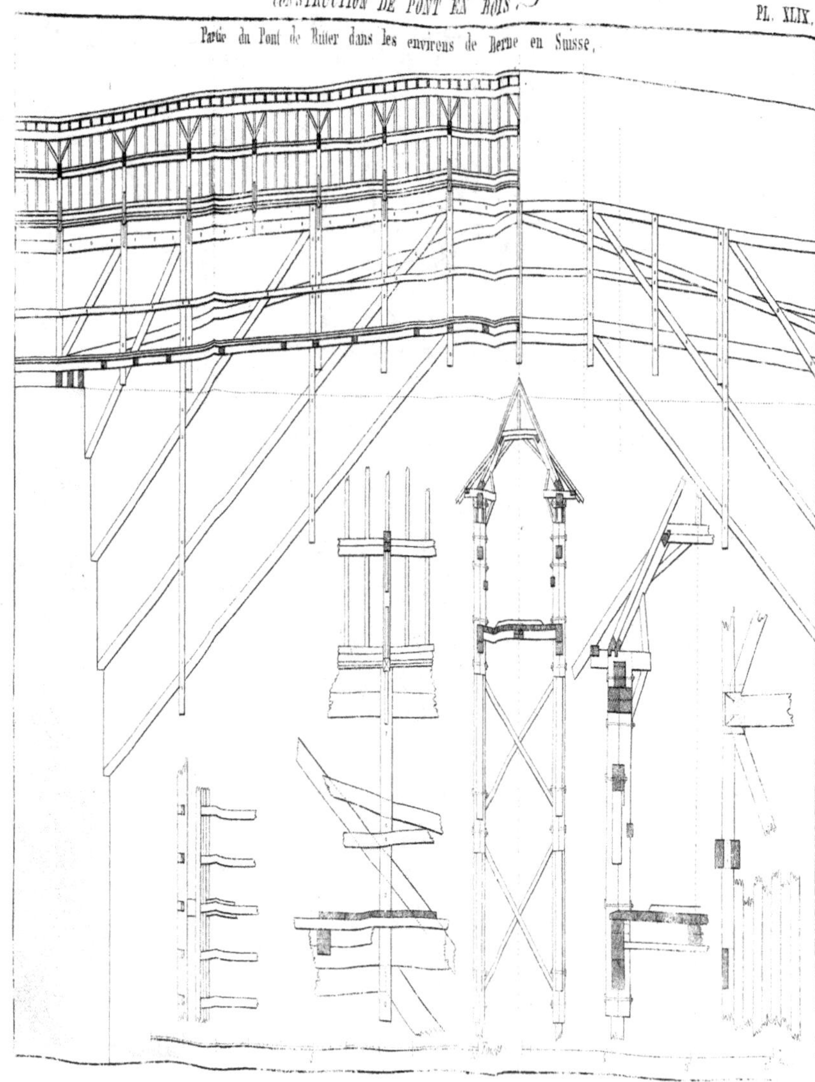

...ds d'ouverture entre les Bajoyers. sa largeur totale

...itoirs ayant chacun 4. pieds de large.

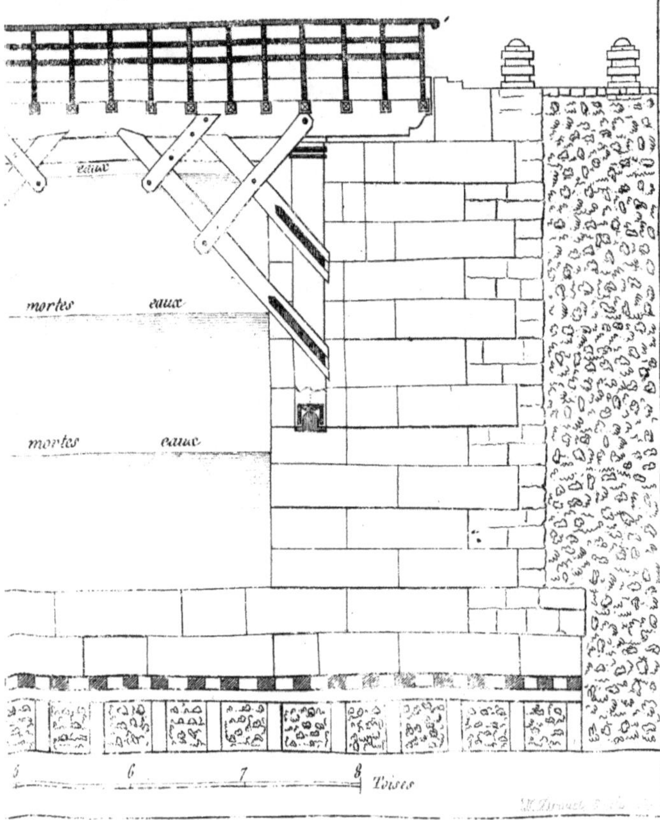

Elévation d'un Pont tournant pour le passage des Voitures exécuté sur une écluse de 46 pieds d'ouverture entre les Bajoyers. sa largeur totale est de 16. pieds, dont 8 destinés pour les Voitures et les 8 autres pour 2 trottoirs ayant chacun 4 pieds de large.

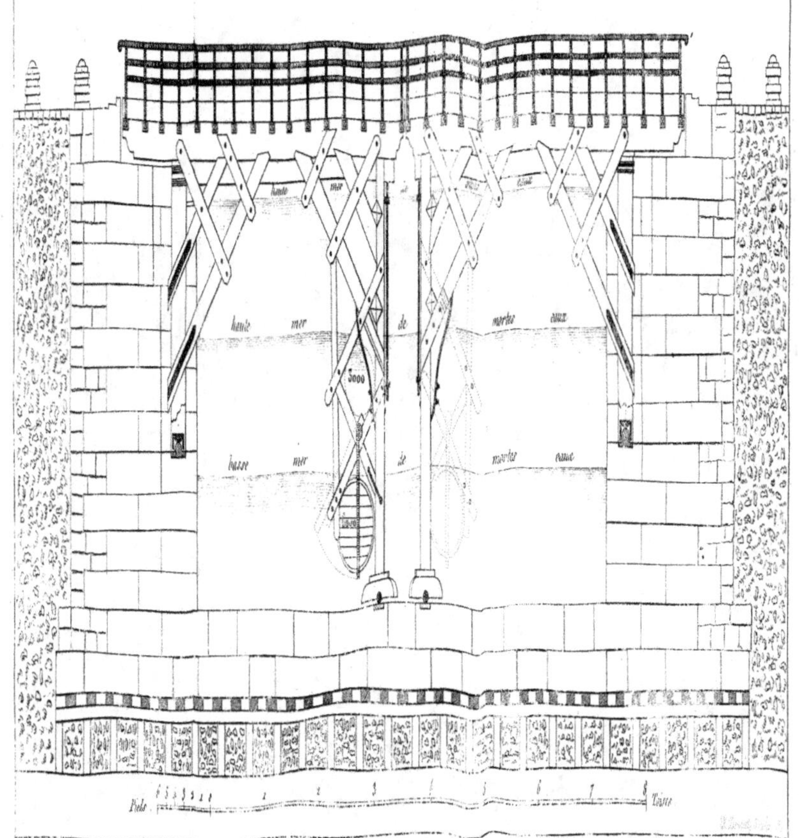

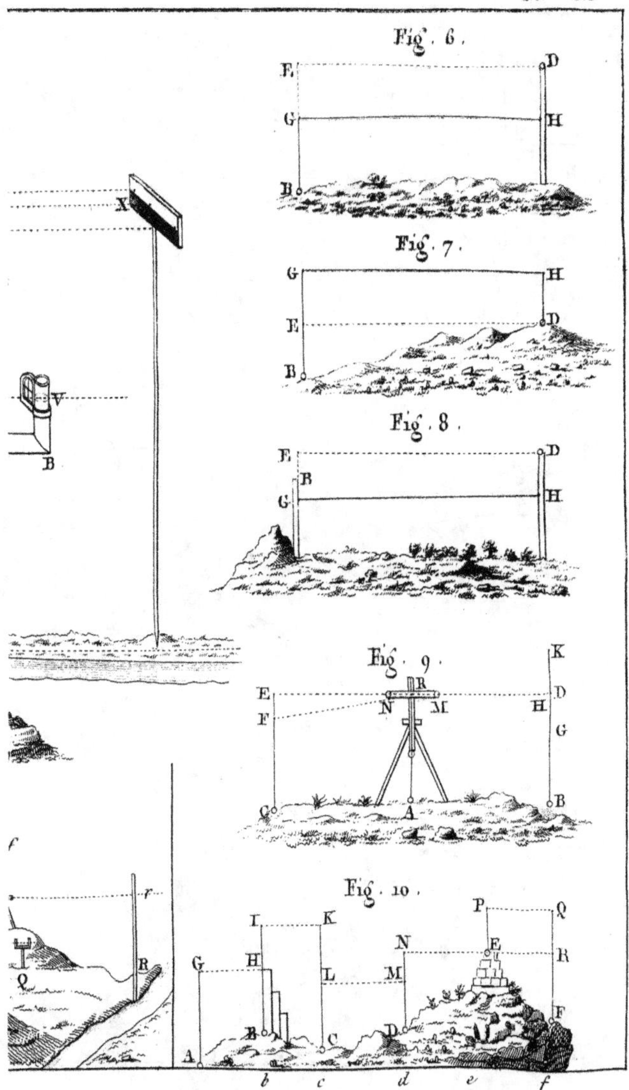
Fig. 6.
E
D
G
H
B
Fig. 7.
G
H
E
D
B
Fig. 8.
E
D
B
G
H
X
V
B
Fig. 9.
K
R
E
D
F
N
M
H
G
C
A
B
Fig. 10.
P
Q
I
K
R
G
H
N
L
M
E
R
F
B
C
D
F
A
b
c
d
e
f
f
r
R
Q

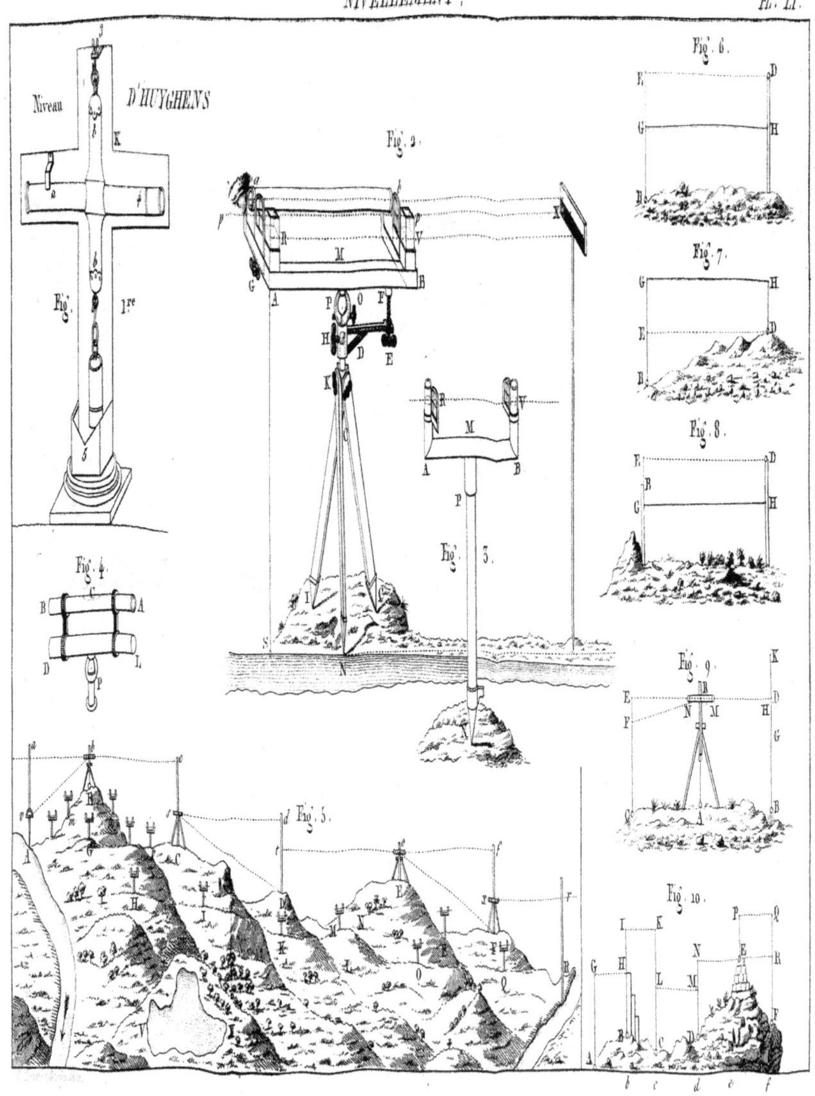
Niveau   D'HUYGHENS
Fig. 1re
Fig. 2.
Fig. 3.
Fig. 4.
Fig. 5.
Fig. 6.
Fig. 7.
Fig. 8.
Fig. 9.
Fig. 10.

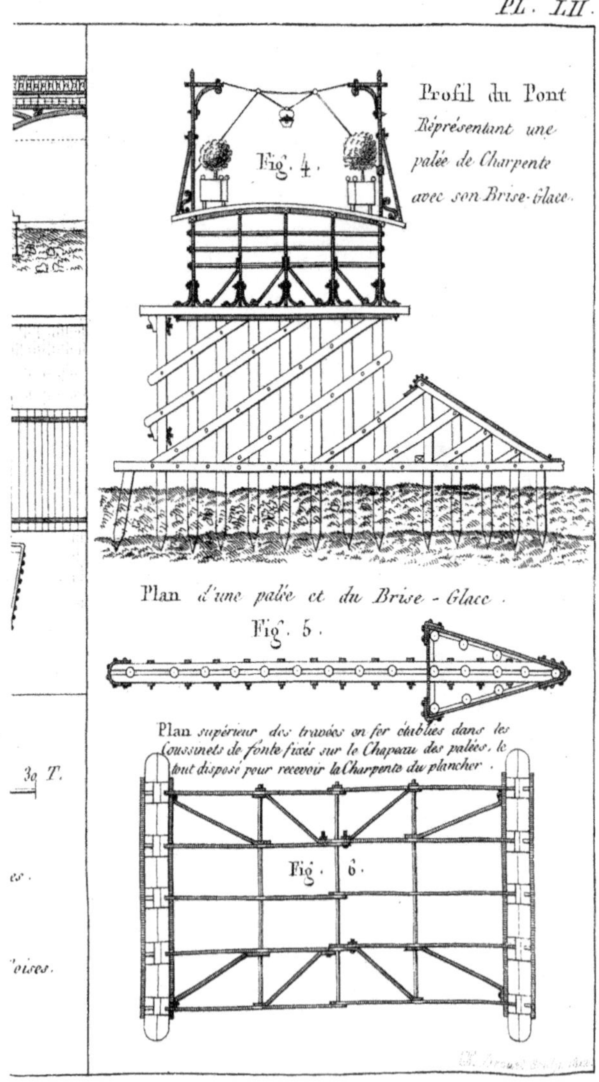

Fig. 4.
Profil du Pont
Représentant une
palée de Charpente
avec son Brise-Glace.
Plan d'une palée et du Brise - Glace.
Fig. 5.
Plan supérieur des travées en fer établies dans les
Coussinets de fonte fixés sur le Chapeau des palées, le
tout disposé pour recevoir la Charpente du plancher.
Fig. 6.
3o T.
oises.

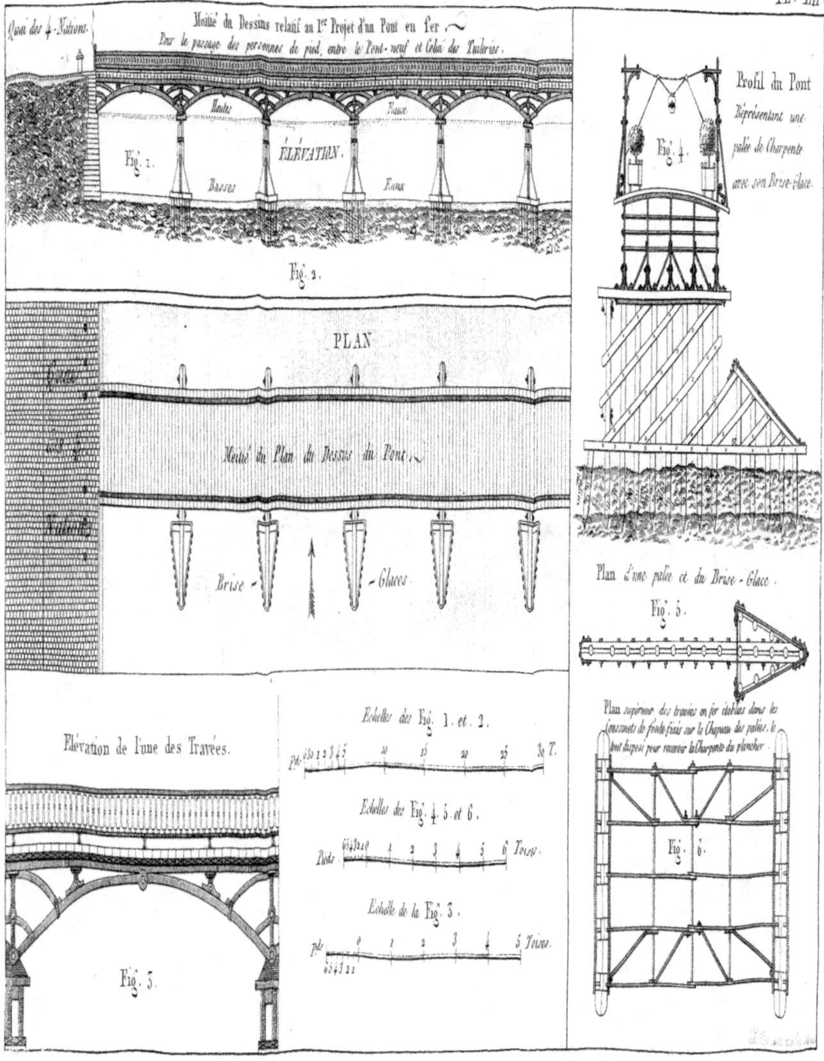
Quai des 4 Nations.
Moitié du Dessins relatif au 1er Projet d'un Pont en fer
Pour le passage des personnes de pied, entre le Pont-neuf et Celui des Tuileries.
Hautes
Eaux
Fig. 1.
ÉLÉVATION.
Basses
Eaux
Fig. 2.
PLAN
Moitié du Plan du Dessus du Pont.
Brise -
- Glaces.
Profil du Pont
Représentant une
palée de Charpente
avec son Brise-Glace.
Fig. 4.
Plan d'une palée et du Brise-Glace.
Fig. 5.
Plan supérieur des travées en fer établies dans les
fonçonnets de fonte fixés sur le Chapeau des palées, le
tout disposé pour recevoir la Charpente du plancher.
Fig. 6.
Élévation de l'une des Travées.
Fig. 3.
Echelles des Fig. 1. et. 2.
Pds. 5 1 2 3 4 5   10   15   20   25   30 T.
Echelles des Fig. 4. 5. et 6.
Pieds. 6 5 4 3 2 1 0   1   2   3   4   5   6 Toises.
Echelle de la Fig. 3.
pds. 0   1   2   3   4   5 Toises.

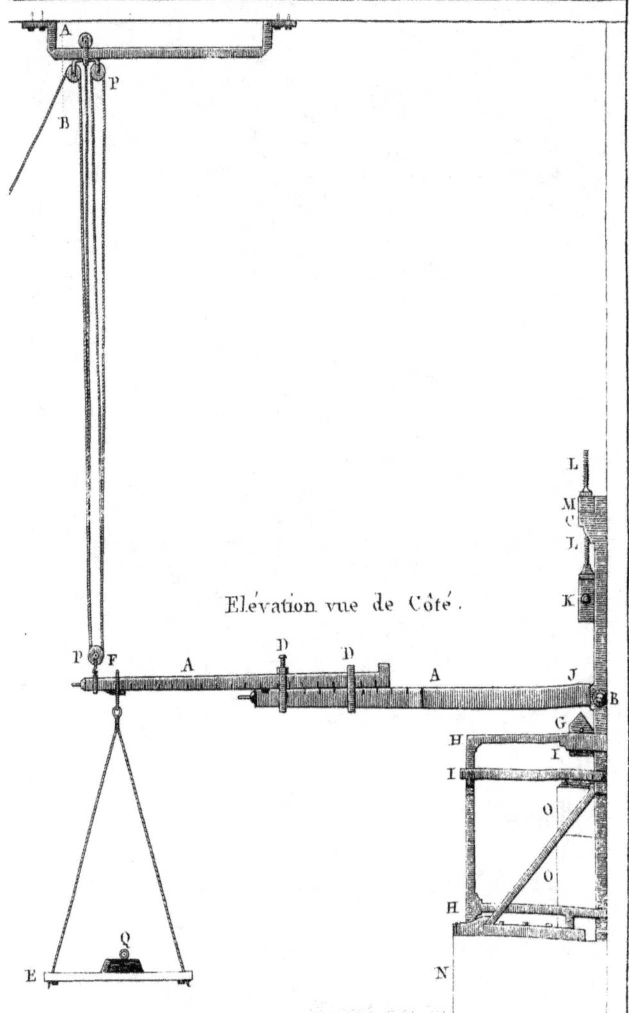
...sion dans les métaux et les Bois .
...llis de l'Ecole Royale des ponts et Chaussées .   PL. LIII.
Elévation vue de Côté .

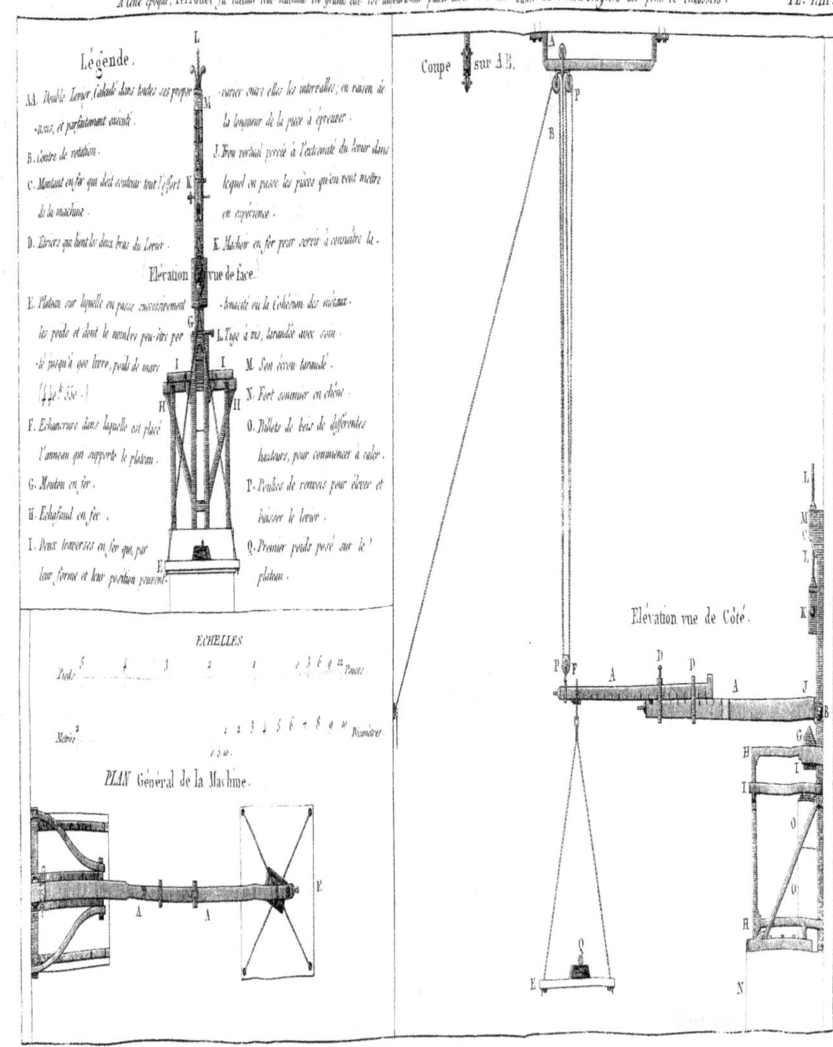

MACHINE inventée par PERRONET, en 1758.
Pour connoître par la pression la résistance absolue des pierres, Celle de Traction et de Cohésion dans les métaux et les Bois.
A cette époque, Perronet fit exécuter cette machine en grand elle est aujourd'hui placée dans une des salles de l'Ecole Royale des ponts et Chaussées.
PL. LIII.

Légende.
AA. Double Levier, calculé dans toutes ses propor-
tions, et parfaitement exécuté.
B. Centre de rotation.
C. Montant en fer qui doit soutenir tout l'effort
de la machine.
D. Etriers qui lient les deux bras du Levier.
E. Plateau sur laquelle on passe successivement
les poids et dont le nombre peut-être par-
ir jusqu'à 900 livre, poids de marc
(440 k. 550.)
F. Echancrure dans laquelle est placé
l'anneau qui supporte le plateau.
G. Mouton en fer.
H. Echafaud en fer.
I. Deux traverses en fer qui, par
leur forme et leur position peuvent

varier entre elles les intervalles; en raison de
la longueur de la pièce à éprouver.
J. Trou vertical percée à l'extremité du Levier dans
lequel on passe les pièces qu'on veut mettre
en experience.
K. Machine en fer pour servir à connaître la
tenacité ou la Cohésion des métaux.
L. Tige à vis, taraudée avec soin.
M. Son écrou taraudé.
N. Fort sommier en chêne.
O. Billots de bois de différentes
hauteurs, pour commencer à caler.
P. Poulies de renvois pour élever et
baisser le levier.
Q. Premier poids posé sur le
plateau.

Elévation vue de Face.

Coupe sur AB.

Elévation vue de Côté.

ECHELLES
Pieds 5 4 3 2 1 0 3 6 9 12 Pouces

Metres 2 1 2 3 4 5 6 7 8 9 10 Décimètres

PLAN Général de la Machine.

7
8
15
15
A
B
C
D
a b
c d
10

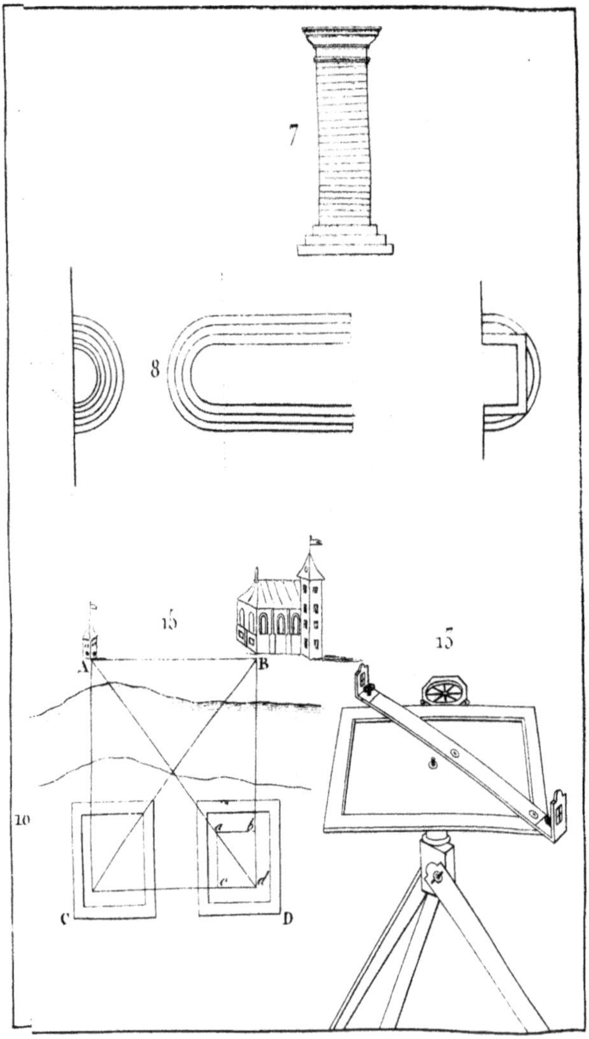

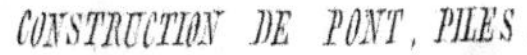

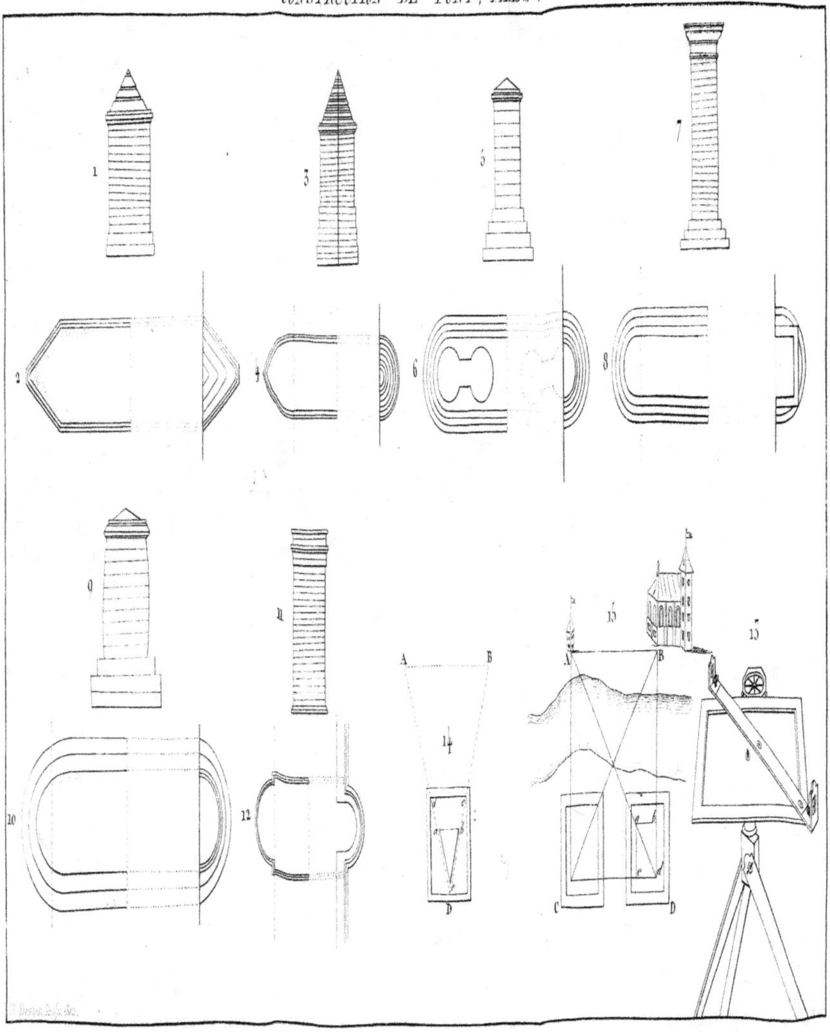
1
3
5
7
2
4
6
8
9
11
10
12
A
B
14
D
13
C
15

Fig. 28.

Fig. 27.

Fig. 37.

Fig. 7.

Fig. 25.

Fig. 29.

Fig. 26.

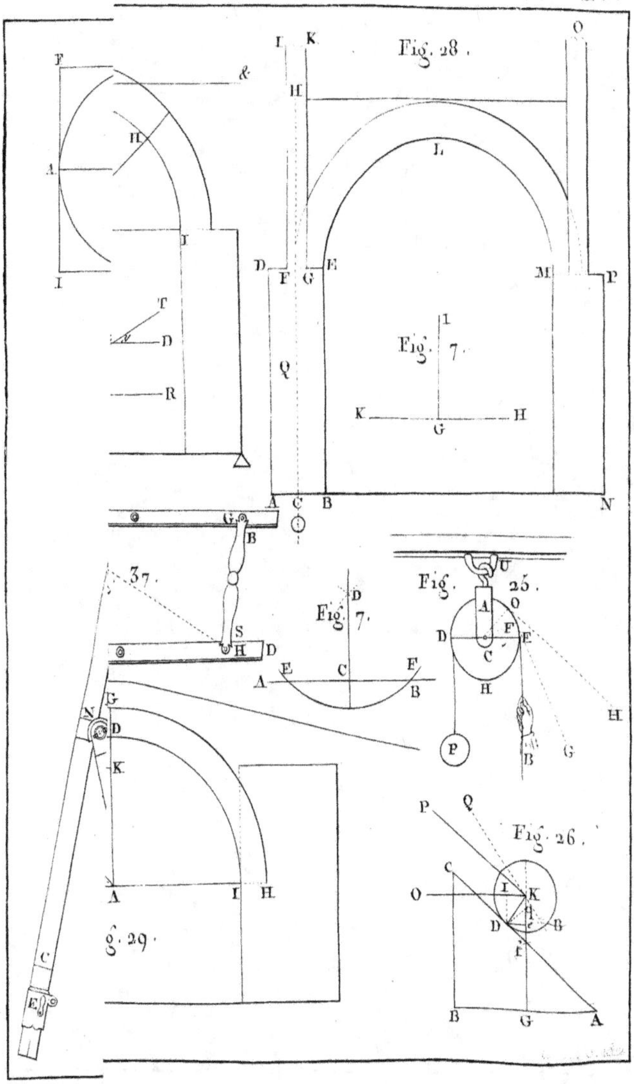

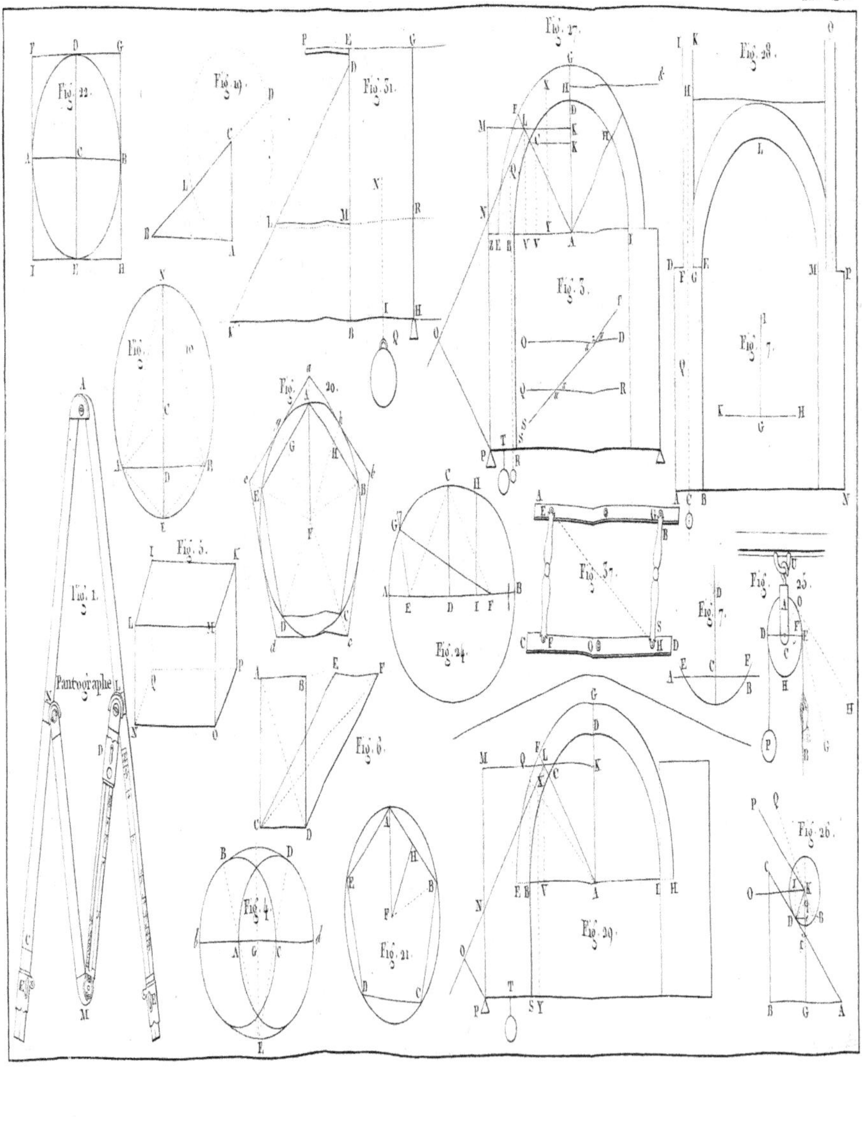

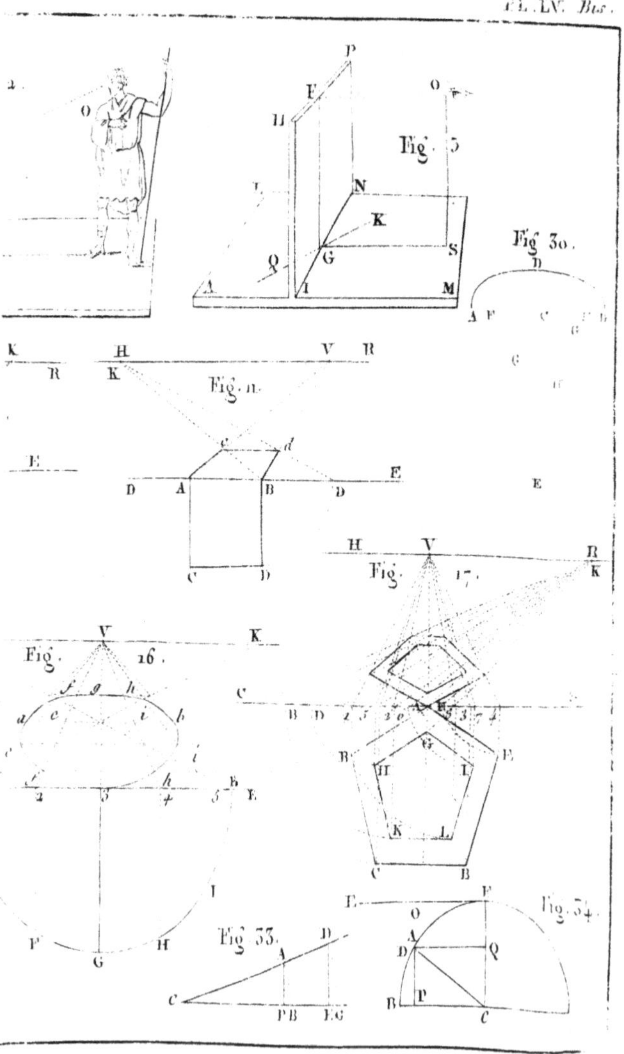
Fig. 5
Fig. 30.
Fig. 11.
Fig. 17.
Fig. 16.
Fig. 33.
Fig. 34.

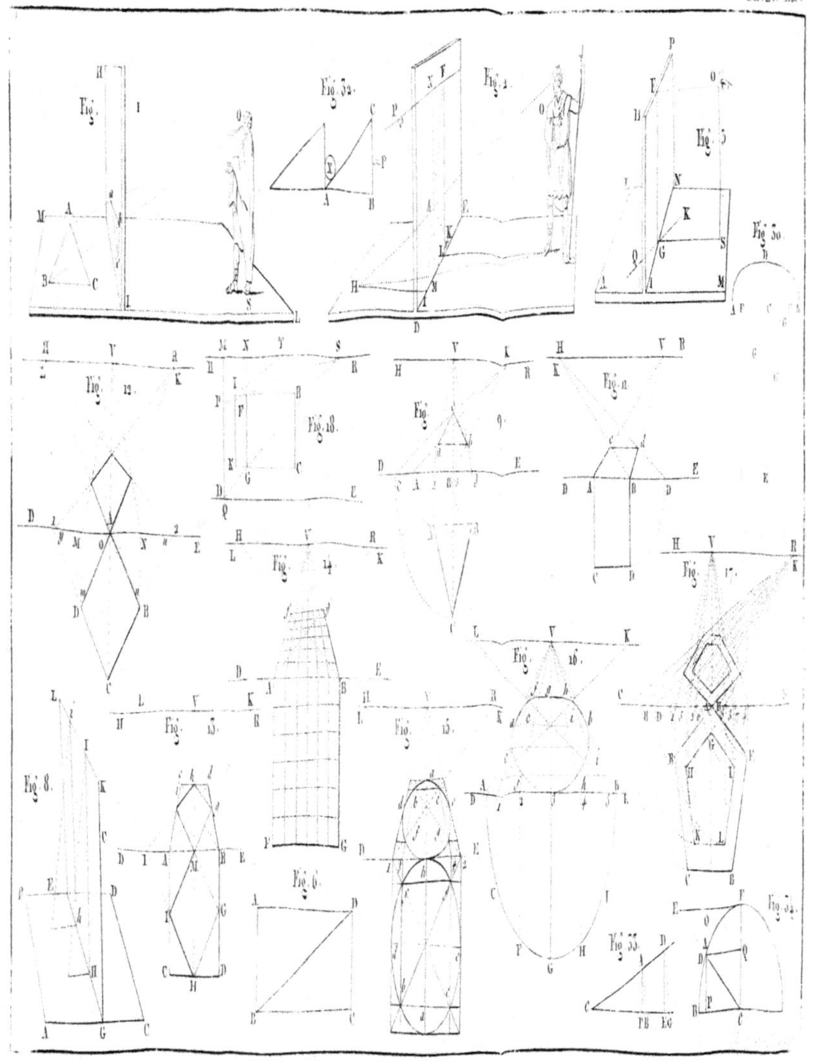

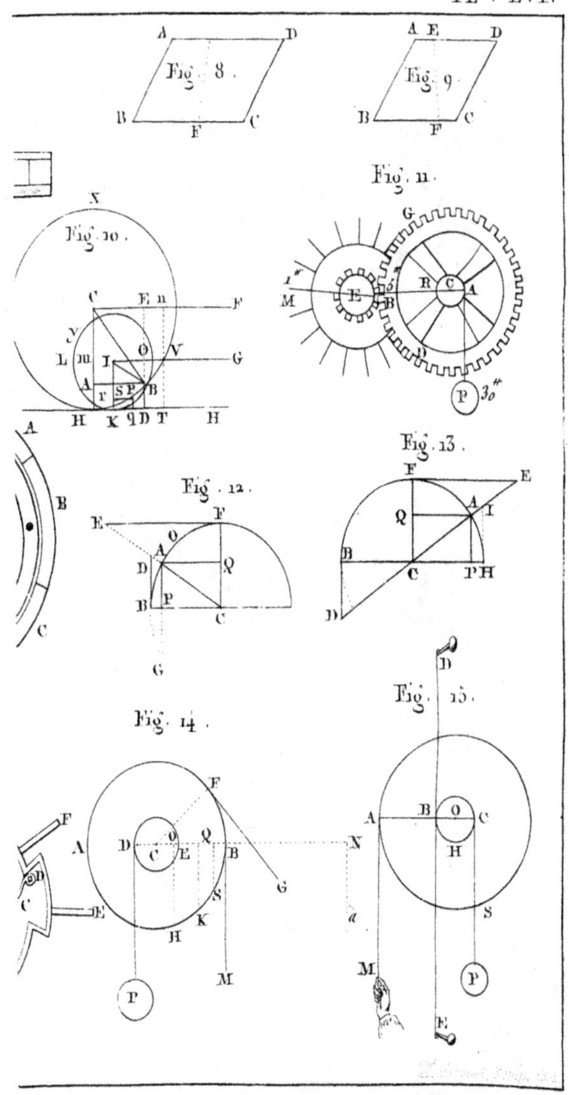
Fig. 8.
A D
B E C
Fig. 9.
A E D
B F C
Fig. 10.
Fig. 11.
Fig. 12.
Fig. 13.
Fig. 14.
Fig. 15.

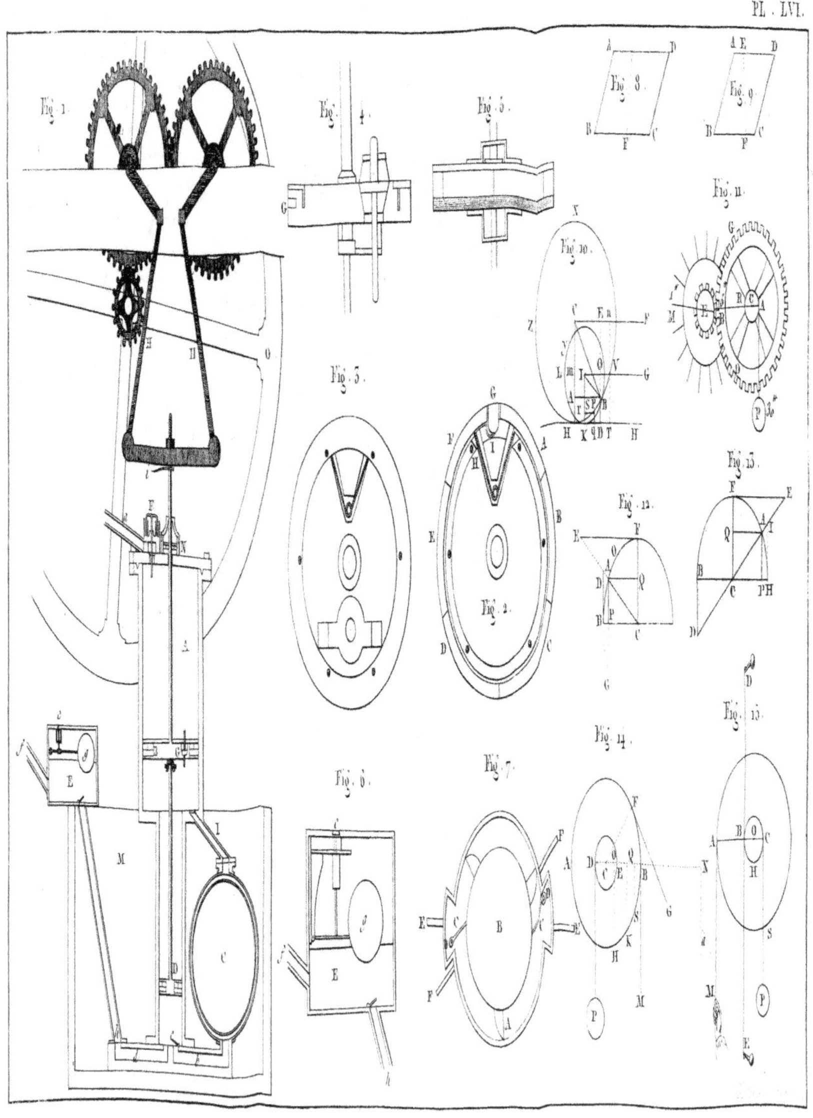

Fig. 1.
Fig. 4.
Fig. 5.
Fig. 8.
Fig. 9.
Fig. 11.
Fig. 10.
Fig. 3.
Fig. 2.
Fig. 12.
Fig. 13.
Fig. 14.
Fig. 15.
Fig. 6.
Fig. 7.